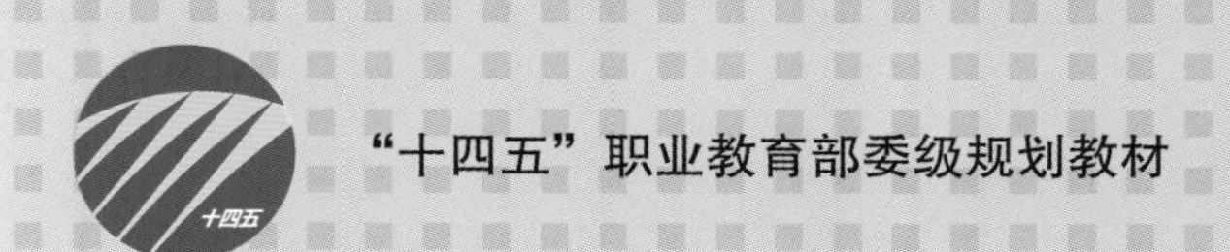

"十四五"职业教育部委级规划教材

GUANGXI MINZU FUSHI
CHUANGYI SHEJI

# 广西民族服饰创意设计


陈秋梅　马宇丽◎主　编

韦雪婷　苏　源◎副主编

中国纺织出版社有限公司

## 内 容 提 要

本书以广西民族服饰为例，介绍了民族服饰创意设计的方法及相关表现手法，书中采用大量民族服饰图例及设计模板，既注重理论知识的讲解，又将学生的拓展练习与课程内容配套设计，讲练结合，介绍了民族服饰创意设计的整体过程。

本书可作为职业院校服装设计与工艺专业的教材，也可作为服装企业技术人员、相关从业人员和服装职业培训班的参考用书。

**图书在版编目（CIP）数据**

广西民族服饰创意设计 / 陈秋梅，马宇丽主编；韦雪婷，苏源副主编 . -- 北京 ：中国纺织出版社有限公司，2023. 11
“十四五”职业教育部委级规划教材
ISBN 978-7-5229-1025-3

Ⅰ. ①广… Ⅱ. ①陈… ②马… ③韦… ④苏… Ⅲ. ①少数民族—民族服饰—服装设计—广西—职业教育—教材 Ⅳ. ①TS941.742.8

中国国家版本馆 CIP 数据核字（2023）第 181580 号

---

责任编辑：孔会云 朱利锋 陈怡晓
责任校对：高 涵 责任印制：王艳丽

---

中国纺织出版社有限公司出版发行
地址：北京市朝阳区百子湾东里 A407 号楼 邮政编码：100124
销售电话：010—67004422 传真：010—87155801
http://www.c–textilep.com
中国纺织出版社天猫旗舰店
官方微博 http://weibo.com/2119887771
北京通天印刷有限责任公司印刷 各地新华书店经销
2023 年 11 月第 1 版第 1 次印刷
开本：787 × 1092 1/16 印张：8.25
字数：115 千字 定价：58.00 元

---

# 前 言

教材面向中职服装设计与工艺专业学生编写，是广西纺织工业学校“服装设计与工艺品牌专业建设”成果之一。本书由五个项目组成：项目一是认识广西世居少数民族，介绍广西世居少数民族民俗民风；项目二是民族服装中的创意设计，加强学生对设计元素的运用和转换；项目三是民族上装创意设计；项目四是民族下装创意设计；项目五是民族盛装与礼服创意设计。全书以广西世居少数民族服饰为灵感，通过对上衣和裙、裤、礼服等服装款式设计变化，提高学生的思维能力和对服装设计的应变能力。

教材根据中职学生的学习特点进行编写，着重体现项目式教学法，以讲练结合的形式呈现，将练习内容融入课程，方便师生教学和练习，选用图片、实物照片等直观方式呈现，形象生动、简单明了，方便学生自主学习和训练提升。

本书由陈秋梅、马宇丽担任主编，韦雪婷、苏源担任副主编。项目一、项目二由陈秋梅编写，项目三由马宇丽编写，项目四由韦雪婷编写，项目五由苏源编写，目录及策划由马宇丽完成，全书由陈秋梅负责统稿。

在本书编写过程中，尽管各位编者尽力做到认真严谨，但由于水平所限，难免存在不足之处，敬请读者批评指正。

编者

2023年5月

**学时分配建议表**

<table>
<tr><th>项目</th><th>任务</th><th>课时</th></tr>
<tr><td rowspan="2">项目一<br>认识广西世居少数民族</td><td>任务一　广西世居少数民族资料收集与整理</td><td>2</td></tr>
<tr><td>任务二　广西少数民族的特色文化</td><td>2</td></tr>
<tr><td rowspan="2">项目二<br>民族服装中的创意设计</td><td>任务一　创意训练</td><td>2</td></tr>
<tr><td>任务二　设计元素提炼与转化</td><td>2</td></tr>
<tr><td rowspan="2">项目三<br>民族上装创意设计</td><td>任务一　衬衣创意设计</td><td>2</td></tr>
<tr><td>任务二　外套创意设计</td><td>4</td></tr>
<tr><td rowspan="2">项目四<br>民族下装创意设计</td><td>任务一　裙装创意设计</td><td>2</td></tr>
<tr><td>任务二　裤装创意设计</td><td>2</td></tr>
<tr><td rowspan="3">项目五<br>民族盛装与礼服创意设计</td><td>任务一　民族盛装创意设计</td><td>4</td></tr>
<tr><td>任务二　民族礼服创意设计</td><td>4</td></tr>
<tr><td>任务三　系列服装创意设计的思路与方法</td><td>4</td></tr>
<tr><td colspan="2">合计</td><td>30</td></tr>
</table>

**注**　各院校可以根据自己的教学情况灵活调整学时。

# 目 录

项目一

# 认识广西世居少数民族

## 传承

由于有所共鸣与传承，人类才不至于过分地迷失和绕圈子走老路，由于有所区别，人类才会有发展。

——王蒙

## 知识要求

1. 了解广西世居少数民族名称。
2. 了解各少数民族聚居区域划分。
3. 了解少数民族分布特点及文化特色。

## 技能要求

掌握收集整理资料的方法和技巧。

## 任务一

# 广西世居少数民族资料收集与整理

## 一、任务描述与学习目标

| | |
|---|---|
| 任务描述 | 通过观看广西少数民族风情视频，让学生了解广西的地域特点及民族风貌，初步认识广西世居少数民族地域特征和分布特点，并能在教师的指导下完成广西世居少数民族资料的收集与整理，用PPT进行分享，培养学生收集整理资料的能力 |
| 学习目标 | 知识与技能：掌握广西地域特征及少数民族分布特点，并能讲述各少数民族地域特征对民族服饰的影响 |
| | 过程与方法：感受不同地域特征对民族服饰的影响，尝试以分组合作的形式进行学习表达 |
| | 情感与态度：欣赏和感受少数民族地域文化之美 |

## 二、知识准备

广西地处中国南部沿海，从东至西分别与广东、湖南、贵州、云南接壤，与海南省隔海相望，西南与越南毗邻。

广西是多民族聚居的自治区，世居民族有壮族、汉族、瑶族、苗族、侗族、仫佬族、毛南族、回族、京族、彝族、水族、仡佬族12个，另有满族、蒙古族、朝鲜族、白族、藏族、黎族、土家族等40多个其他民族，少数民族人口为1790多万，其中壮族人口为1510多万，约占自治区总人口的30.8%。

壮族是广西人数最多的少数民族，主要聚居在桂西、桂中地区的南宁、柳州、崇左、百色、河池、来宾、靖西等市。靖西市（县级市）是壮族人口比例最高的地区，达99.7%。汉族在各地均有分布，多集中在南部沿海及东部地区。瑶族散居在各地山区，相对集中在柳州、桂林、贺州、百色、河池、来宾6市，有恭城、金秀、富川、巴马、都安、大化6个自治县。苗族主要居住在融水、隆林、三江、资源、龙胜、环江、西林、南丹等县（自治县），其中融水苗族自治县的苗族人口最多，约占全自治区苗族人口的40%。侗族主要分布在三江、龙胜、融水等自治县，其中三江侗族自治县的侗族人口最多。仫佬族主要分布在罗城自治县、河池市宜州区、柳城县等地，其中罗城仫佬族自治县的仫佬族人口最多。毛南族主要聚居在环江毛南族自治县。回族主要居住在桂林、柳州、南宁、百色等地。京族主要聚居在东兴市江平镇。彝族主要居住在隆林、那坡等县（自治县）。水族散居在南丹、融水、环江、都安、兴安等县（自治县）及河池市金城江区和宜州区。仡佬族主要居住在隆林各族自治县。

## 三、拓展练习

广西世居少数民族服饰的资料整理，自由组成小组，每人完成2 ~ 3个少数民族资料的收集与整理，并制作PPT，由小组成员汇报收集情况。

### 资料收集整理小课堂

**1. 收集渠道**

网络、纸质图书、电子书。

**2. 整理方式**

（1）选定组长，全组一起了解任务总量并进行任务分配。

（2）确定搜索资料的网站、书籍，确保小组成员工作目标一致。

（3）每个人收集的资料要进行分类整理，确认无误后再上交。

（4）最后组长将资料汇总并做成汇报的PPT，最终上交的PPT要由全体组员开会审定，并进行演讲彩排，组长要确保每个组员都要参与汇报。

# 任务分配与评价

## 1. 任务分配表（表 1-1-1）

表 1-1-1　任务分配表

<table>
<tr><td>团队 / 组长</td><td colspan="7"></td></tr>
<tr><td>组员</td><td colspan="7"></td></tr>
<tr><td rowspan="3">分工安排</td><td>姓名</td><td></td><td></td><td></td><td></td><td></td><td></td></tr>
<tr><td>工作任务</td><td></td><td></td><td></td><td></td><td></td><td></td></tr>
<tr><td>完成情况</td><td></td><td></td><td></td><td></td><td></td><td></td></tr>
<tr><td>任务总体完成情况</td><td colspan="7"></td></tr>
</table>

## 2. 任务完成情况评价表（表 1-1-2）

表 1-1-2　任务完成情况评价表

| 考核内容 | 收集完成度 | 资料分析情况 | PPT 制作 | 汇报情况 | 团队协作 |
|---|---|---|---|---|---|
| 完成情况 | | | | | |
| 备注 | | | | | |
| 总评 | | | | | |

## 3. 民族服饰特征及其色彩分析表

选择感兴趣的广西世居少数民族，并将其服饰特征及其色彩填入表 1-1-3 中。

表 1-1-3　民族服饰特征及其色彩分析

| 项目 | 男装 | 女装 |
|---|---|---|
| 服饰特征 | | |
| 色彩特点 | | |

# 资料收集实例

## 1. 请收集各自家乡的民族文化并进行整理

请介绍自己的家乡，说明家乡的特点、语言和值得推荐的美食。

答：________________________________________

2. 请附上家乡的图片

请将收集的图片粘贴于此处

请将收集的图片粘贴于此处

3. 请制作一个时长不超过 2 分钟的小视频介绍自己的家乡

## 任务二

# 广西少数民族的特色文化

## 一、任务描述与学习目标

| | |
|---|---|
| 任务描述 | 通过观看各少数民族的视频，使学生初步了解各少数民族，感受不同民族的特色文化，了解广西世居少数民族独特的文化，并对各少数民族的文化特点进行分类学习，培养、加强学生的民族文化素养 |
| 学习目标 | 知识与技能：掌握广西世居少数民族的文化特征和内涵，并能进行讲述 |
| | 过程与方法：感受不同地域对民族服饰的影响，尝试以分组合作的形式进行学习表达 |
| | 情感态度：欣赏并感受少数民族文化之美 |

## 二、知识准备

广西是多民族聚居地区，其中有代表性的少数民族文化资料见表 1-2-1。

**表 1-2-1　广西少数民族文化资料**

| 民族 | 简介 | 文字 | 语言 | 专属节日 | 美食 |
|---|---|---|---|---|---|
| 壮族 | 广西少数民族中人口最多的民族，也是全国人口最多的少数民族。主要分布在南宁、柳州、百色、河池、来宾、崇左、防城港、贵港、钦州等市 | 壮文 | 壮语 | 1. 蚂拐节（从正月初一开始，持续一个月）<br>2. 三月三<br>3. 牛魂节（多在农历四月初八） | 粽子、五色糯米饭、糍粑等 |
| 瑶族 | 中国南方的一个山地民族，自隋唐以来就生活在五岭山区，有“五岭无山不有瑶”之称。有盘瑶、过山瑶、顶板瑶、花篮瑶、白裤瑶、蓝靛瑶、红瑶、八排瑶等，中华人民共和国成立后，统称为瑶族。主要分布在金秀、都安、巴马、大化、富川、恭城等自治县内 | 没有本民族的文字 | 有本民族的语言 | 1. 干巴节（蓝靛瑶专属节日，每年农历三月初三）<br>2. 达努节（农历五月二十九）<br>3. 盘王节（每年农历十月十六，是瑶族最盛大的节日之一） | 腊肉、苦笋、大笼糕 |

续表

| 民族 | 简介 | 文字 | 语言 | 专属节日 | 美食 |
| --- | --- | --- | --- | --- | --- |
| 苗族 | 广西苗族主要居住在融水、隆林、三江、龙胜等县（自治县） | 苗族因迁徙频繁，居住分散，造成各地语言和词汇的较大差异，形成了几种方言和土语。一部分苗族有自己的文字，如坡拉字母苗文（俗称老苗文），现仍在川、黔、滇部分苗族中使用；另一部分苗族的文字已失传 | 苗语 | 1. 四月八节<br>2. 芦笙节（农历九月初到次年农历二月末，主要是祭祀祖先，庆祝丰收） | 竹筒饭、扣肉等 |
| 侗族 | 主要分布在三江侗族自治县，有20多万人，其余分布在融水、龙胜等县（自治县） | 没有自己民族的文字 | 侗语，分南北两大方言，广西的侗族属于南部方言区 | 1. 架桥节（农历二月初二）<br>2. 花炮节（各地节期不一，以三江侗族自治县富禄花炮节最为热闹） | 酸肉、酸鱼、油茶等，有"侗不离酸"之说 |
| 仫佬族 | 是广西的土著民族，主要聚居在罗城仫佬族自治县 | 没有自己民族的文字 | 有自己民族的语言，与毛南语、侗语非常接近 | 1. 二月春社<br>2. 依饭节（也叫"喜乐愿"，三年一大庆，两年一小庆）<br>3. 走坡节（仫佬族青年传统社交节日，一般在春节期间和中秋节前后择日举行） | 大粽子、糍粑 |
| 毛南族 | 是广西土著民族。据考证，"毛南"一词系"母老"的音转和异写。远古时候，毛南族聚居地原住着"母老"人，后因语音发生变化而出现差别。1956年7月被正式确认为单一民族，称"毛难族"，1986年国务院批准改为"毛南族" | 没有自己民族的文字 | 毛南语，同水语最接近 | 分龙节 | 豆腐丸、毛南酸（腩醒、瓮悃、索发等） |

续表

| 民族 | 简介 | 文字 | 语言 | 专属节日 | 美食 |
|---|---|---|---|---|---|
| 京族 | 中国唯一的海洋民族，主要聚居在东兴市江平镇的㵘（万）尾、山心、巫头三个海岛上，素有“京族三岛”之称 | 没有自己民族的文字 | 使用京语（与越南语基本相同） | 哈节，又称“唱哈节”，“唱哈”即唱歌的意思，是京族的传统歌节。哈节的日期各地不同。哈节被列入国家级非物质文化遗产名录 | 屈头蛋、风吹饼、海鲜粥、京族米粉、米糕、水籺、鱼露等 |
| 彝族 | 广西彝族的人口较少，主要分布在隆林各族自治县的德峨、克长、者浪、岩茶4个乡的10多个村和那坡县城厢、百都、下华3个乡的9个村寨 | 有自己民族的文字，文字为表意文字，又称音节文字，史书中称“爨文”“韪书”“罗罗文”“倮文”，通称老彝文 | 彝语 | 火把节，是彝族最盛大的传统节日，通常在每年农历六月二十四或二十五 | 荞粑、白水煮乳猪 |
| 水族 | 主要分布在南丹、融水、环江、都安等县（自治县）及河池市金城江区和宜州区 | 有自己民族的文字，称为“水书”或“水字”，还创造了“水”历 | 有自己的民族语言 | 1. 端节，水族人民又称借端、过端、吃端，是水族最大的节日，广西境内的大多数水族群众都过这个节日<br>2. 卯节，南丹、河池等地水族的传统节日 | 鱼包韭菜 |
| 仡佬族 | 广西仡佬族人，主要分布在百色市的隆林各族自治县和西林县。广西12个世居民族中，仡佬族人口是最少的，只有3000人左右 | 没有自己的民族文字 | 民族语言为仡佬语 | 1. 拜树节（农历八月十五）<br>2. 尝新节（没有固定的时间，一般在每年农历七八月间夏收前后，人们按照自己习惯选择一天来过节，品尝新收的谷物，所以叫“尝新节”）<br>3. 仡佬节（农历三月初三） | 喜酸食，一般人家都腌制有酸菜，嗜吃酸辣食品，有“三天不吃酸，人要打捞窜”之说 |

## 三、拓展练习

### 1. 练习内容

自选一款民族服饰，标出其特征，可采用贴图 + 文字的形式，如能手绘更佳。示例如图 1-2-1 所示的白裤瑶族女装。

图1-2-1　白裤瑶族女装

**2. 练一练，做一做**

将选好的民族服饰贴在图 1-2-2 所示的空白人物模板上。

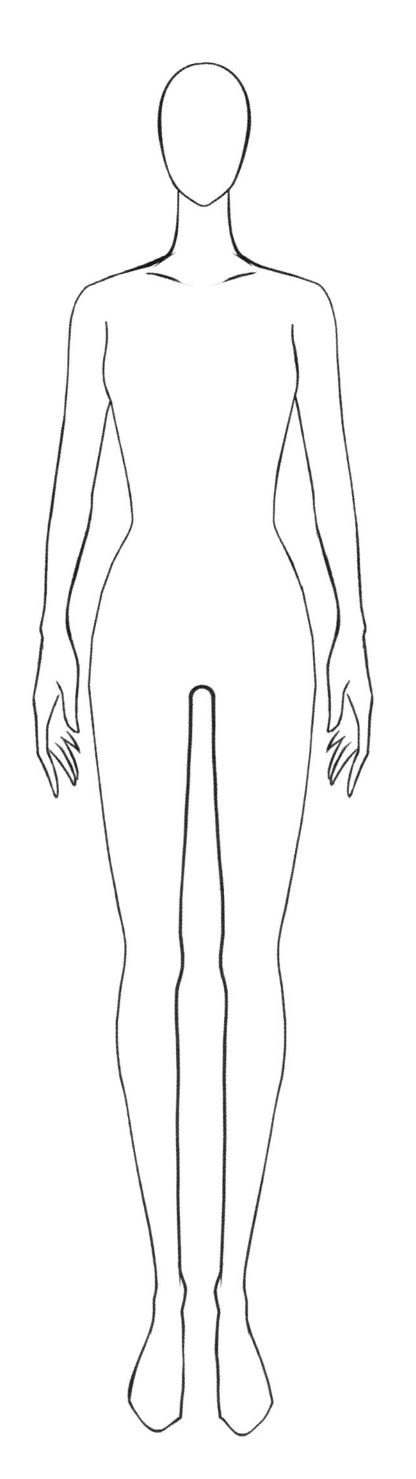

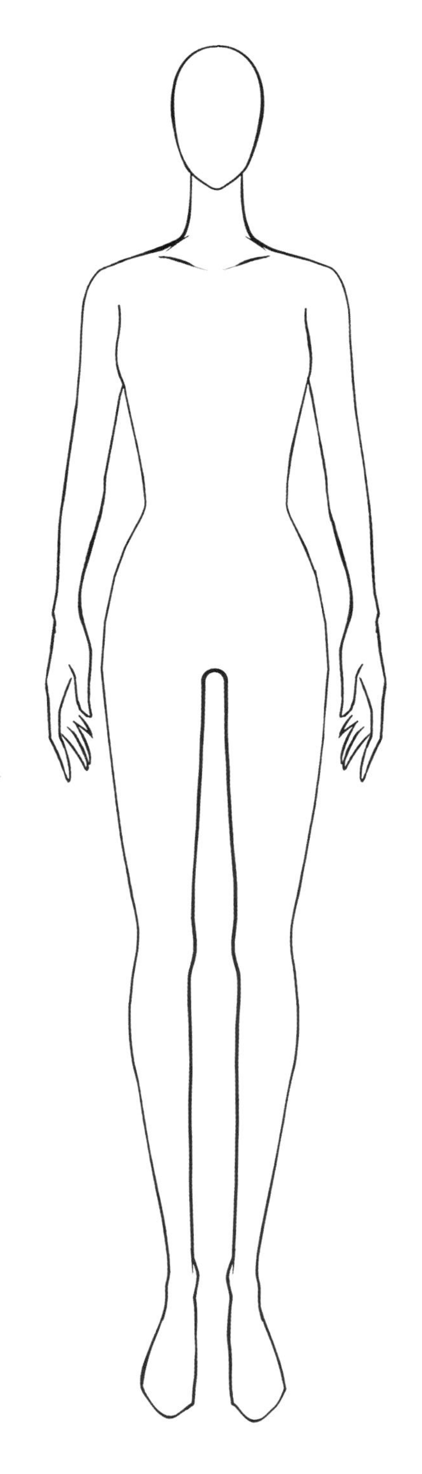

图1-2-2　空白人物模板

项目二

# 民族服装中的创意设计

## 创意

在创意动机或目的有意识、下意识的引导下，通过灵活运用创意技法对所积累的创意知识与经验不断组合、提炼、升华出解决问题的崭新的意象状态、意念构想，而后将其总结为一个完整的概念、构想或书面的意象材料，这就是创意产生的思维活动过程。

## 知识要求

1. 掌握创意产生的流程。
2. 掌握常用的创意转化技巧。
3. 掌握图案元素提取方法。
4. 掌握色彩元素提取方法。
5. 掌握造型元素提取方法。
6. 掌握设计元素转化的方法和技巧。

## 技能要求

1. 根据创意流程完成简单创意策划案例。
2. 熟练地进行小饰品创意转化应用。
3. 熟练地在图案基础上根据老师要求完成色差提取，并在线稿的基础上着色。
4. 用贴纸的形式完成服饰或饰品造型的提取。

**任务一**

# 创意训练

## 一、任务描述与学习目标

| 任务描述 | 通过实例讲解创意的内涵，帮助学生寻找开拓创意思维以及如何“留住”创意 |
|---|---|
| 学习目标 | 知识与技能：了解创意的概念 |
| | 过程与方法：通过实例说明创意产生的过程、提炼的技巧及落地的形式 |
| | 情感与态度：理解创意是思维碰撞、智慧对接，是具有新颖性和创造性的想法，明确创意在设计中的重要性 |

## 二、知识准备

什么是创意？如衣柜里有长裙、短裙、外套、衬衣、围巾几个品类的服饰，常见的搭

配有衬衣 + 外套 + 短裙，或衬衣 + 长裙 + 围巾，但将搭配变为短裙 + 长裙 + 衬衣 + 围巾，将短裙和长裙进行叠穿设计组合，打破了常规的搭配组合，让人眼前一亮，这个方式就是创意。可见创意并不是高深莫测、难以找寻的，生活中只要细心寻找和归纳，就能发现创意的踪迹。创意作品赏析如图 2-1-1 ~ 图 2-1-3 所示。

图2-1-1　日本艺术家草间弥生作品

图2-1-2　美籍华人建筑大师贝聿铭建筑作品

图2-1-3 “面料的魔法师”三宅一生作品

## 三、创意的流程

### 1. 确定创作目标

有时目标非常清晰，有时目标可能是模糊的，但知道大体方向，具体目标在创意产生的过程中会不断显现出来，创意的焦点与动机会随着目标的确定而确定。

### 2. 围绕目标收集信息

围绕目标搜索与创意动机相关的资料，目标信息有明显的也有隐藏的。如今资讯发达，要善用各类搜索渠道进行资料查找。

### 3. 信息的分析与加工

将收集到的信息转化为创意还需要灵活运用创意方法与技艺，对这些信息进行分类加工，整理出符合创意目标的材料，使信息、知识、经验、灵感、想法等不断地交变、分解、聚合，才能逐渐转换成一种新的意象、意念、概念。

### 4. 创意碰撞期

如创意的构思发生停滞，这时最好的办法是停下来，去打球、看电影、听音乐或是好好休息一下，用“下意识”和“潜意识”的思维去消化和转化，暂时规避有“意识的”思考。

### 5. 创意形成

前面的 4 个步骤如果完成得很好，灵感和创意就会为人们指出前行的方向，帮助人们形成创意方案。

### 6. 创意定案

创意形成后，要将成果进行整理、总结，必须将创意进一步精细化、具体化、可行化，再付诸实践。

## 创意转化实例

请设计一款具有壮族元素的手包。

### 1. 创意点

请将你喜欢的创意素材收集好粘贴在框内，并用文字描述你所选择素材的色彩和特点。

答：崇左花山岩画，以大地色为基调，点缀赤色图案，古朴、庄重（图 2-1-4）。

图 2-1-4　壮族元素

### 2. 创意与服饰品的结合

确定适用的包型见图 2-1-5。

图 2-1-5　手包包型

### 3. 制作材料的选择

答：计划使用麻布、棉布制作，突出民族风格，营造出古朴的感觉。

### 4. 面料的特点分析（材质是软还是硬？制作难度如何？）

答：为了使包型比较硬挺，使用麻质、牛仔、皮质等

比较厚实的面料（图 2-1-6）加黏合衬进行制作，以保持手包的挺括度。

图2-1-6 面料

### 5. 设计成品

设计成品如图 2-1-7 所示。

图2-1-7 手包成品

### 6. 设计小结

答：本款手包的设计创意源于花山岩画。花山岩画绘制于绝壁之上，画法采用单一色块平涂法，只表现所画对象的外部轮廓，没有细部描绘，风格古朴，笔调粗犷。本款手包采用黄麻布面料作为底布，为粗犷的设计风格定下设计基调，用丙烯颜料调制出赭石红，手绘花山人物造型点缀于手包之上作为装饰。由于是手绘，每一个手包都是独一无二的存在。

## 设计实践练习

请以花卉为灵感来源，设计一个民族风格手提包。

### 1. 创意点

请将收集的灵感图案粘贴在框内，并用文字描述灵感图案的色彩和特点。

答：________________________________________________

________________________________________________

请将收集的灵感图案粘贴于此处

请将收集的灵感图案粘贴于此处

### 2. 创意与服饰品的结合

请选择一个包型并在框中绘制草稿。

### 3. 制作材料的选择

答：________________________________________________

材料 1

材料 2

4. 面料的特点分析（材质是软还是硬？制作难度如何？）

答：

5. 手绘成品线稿

请将设计完成的手提包手稿粘贴于此

6. 设计小结

答：

## 任务二

# 设计元素提炼与转化

## 一、任务描述与学习目标

| | |
|---|---|
| 任务描述 | 通过课程学习廓型、色彩及图案等民族元素在现代服饰设计中的转换方法，并将传统文化元素通过新的形式与现代服饰结合，进而实现传统文化与时尚的结合 |
| 学习目标 | 知识与技能：廓型的构造与融合；色彩图案的构造与融合 |
| | 过程与方法：掌握不同地域民族服装廓型、色彩图案的特点，尝试以分组合作的形式进行学习表达 |
| | 情感与态度：感受少数民族文化内涵之美 |

## 二、知识准备

### （一）服饰廓型

#### 1. 广西世居民族服装廓型

服装廓型（图 2-2-1）是服装款式设计和造型的第一要素，通过廓型，服装可以快速地进入人的视野。服装廓型进入人视觉的速度和强度要高于款式的细节，仅次于色彩。因此从某种意义上来说，服装款式设计的根本是服装廓型和色彩的设计。服装廓型的变化影响着服装流行时尚的变迁，如 20 世纪 40 年代流行的 A 形，50 年代流行的帐篷形，60 年代流行的酒杯形，70 年代流行的 X 形，80 年代初流行的 H 形等。由此可以看出，流行款

图 2-2-1　服装廓型的变迁

式演变最明显的特点就是廓型的变化。因此了解和熟悉廓型，是一名服装设计专业学生一定要具备的能力。

少数民族服装款式丰富，外部廓型有长、短、松、紧、曲、直等形态，有单一的几何外轮廓型，也有多个几何形组成的外轮廓。图 2-2-2 所示为广西两款世居少数民族服饰。从图 2-2-2 和图 2-2-3 所示服饰廓型中可看出，为了便于劳作，这两款少数民族服饰均把 H 形和 A 形作为主要服饰廓型。

图2-2-2　民族服饰廓形实物图

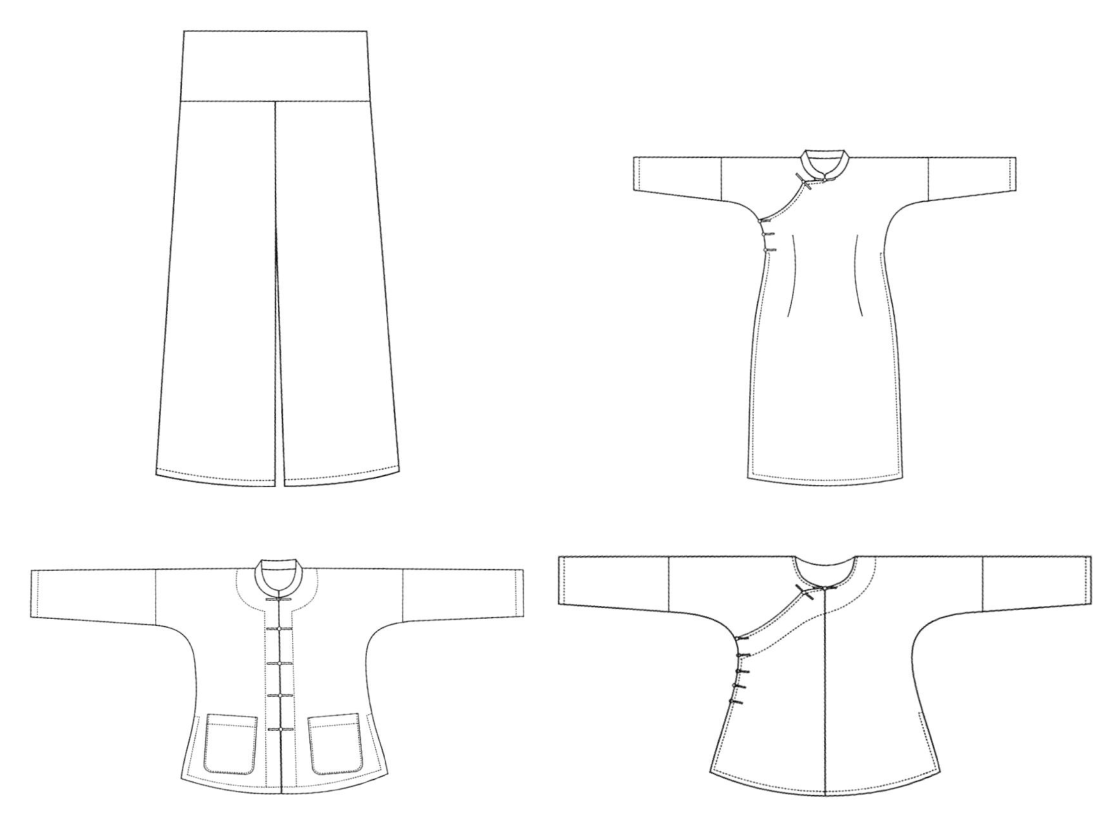

图2-2-3 民族服饰廓形绘制图

**2. 廓型在现代服饰中的转化运用方法**

（1）直接借用。把民族服饰中的廓型直接应用到现代服饰设计中。如一些影视服装、动漫服饰、庆典服饰、正装等都可以直接使用，可以在面料的材质、服装结构细节及服饰装饰上进行适当的处理，使其更符合现代的审美和使用需求。

（2）打散组合运用。顾名思义就是将旧的元素予以新的组合，打散是分解组合的一种构成方法，是将某个完整的元素分割为多个不同的部分单位，然后根据一定的构成原则重新组合。

①外部打散。外部打散是指将服装的外部廓型进行重构，把一个廓型切割成多个，也可以把多个廓型重组成一个新的廓型（图 2-2-4）。

②内部重组。服装设计时，其内部可以简单也可以丰富。如何对内部进行分割设计是根据服装的设计风格、使用功能来决定的，常见的方法有对称、均衡、对比、比例、重复、层次等。

a. 对称与均衡。对称是指以某一点为轴心，求得上下、左右的均衡。在我国古典建筑中常常会运用到这种方式，这也是服装设计中常用的设计手段，如图 2-2-5 所示的“盖娅传说”的设计正体现了服装的对称与均衡。

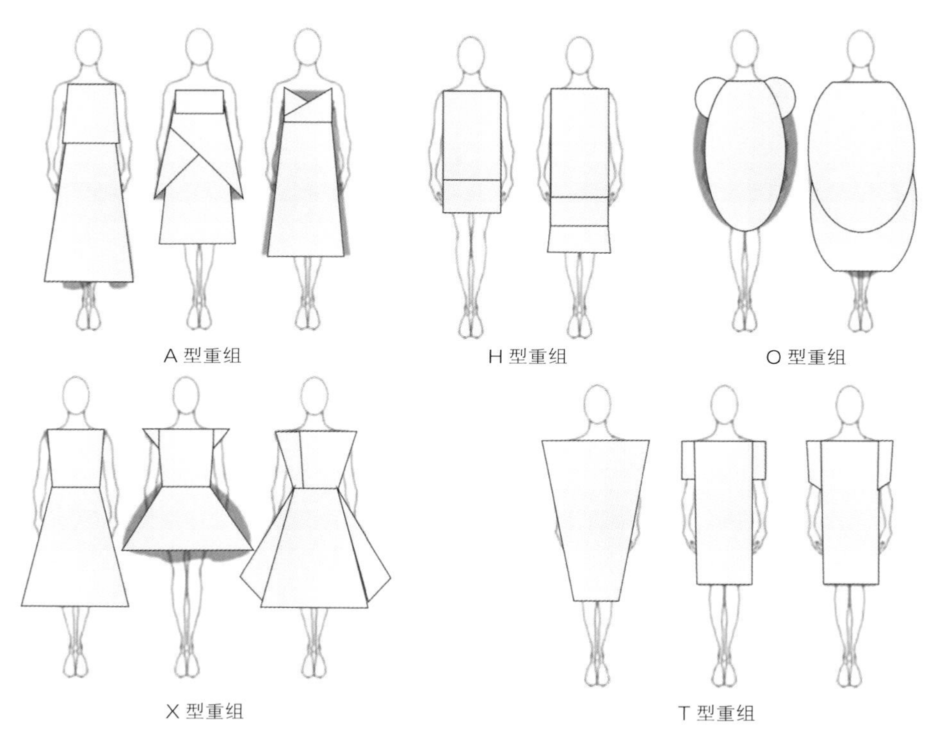


图2-2-4　廓型元素重组

图2-2-5　对称与均衡

b. 对比与和谐。对比能使一些可比成分的对立特征更加明显，更加强烈，和谐能使各个部分或因素之间相互协调。在平面设计的作品中，对比与和谐通常是某一方面居于主导

地位。即在平面设计中，常用一些表现手法来突出主题人物，常用的有明暗的对比、虚实的对比、冷暖的对比等。但过于生硬的对比可能会使画面显得有些松散，所以有时会用一些方法让对比中略有调和，使画面更加完整。图 2-2-6 所示来自“盖娅传说”的这一组设计正体现了对比与和谐。

图2-2-6　对比与和谐

c. 变化与统一。变化体现了各事物之间的千差万别，统一则体现了各事物的共性和整体性。变化与统一反映了客观事物本身的特点，即对立统一规律。在平面设计表现的作品中，素材、色彩和表现手法的多样化可丰富作品的艺术形象，但这些变化必须达到高度统一，使其统一于一个中心的视觉形象（一般是主题元素），这样才能构成变化中有统一的整体形式。如图 2-2-7 所示，“盖娅传说”的这一组设计正体现出服装的变化与统一之美。

d. 比例与尺寸。比例是平面构图中一切视觉单位的大小，以及各单位间编排组合的重要因素。平面设计是把不同的素材元素和文案信息排版组合在一起，形成整体画面，画面中的各种素材的面积大小与比例、字体的大小与画面元素的比例，一定要符合美学比例。常见的比例有黄金比例、白银比例等，给人以美的感受。如果比例失调，画面就会失去美感。如图 2-2-8 所示，“盖娅传说”的这组设计体现了比例与尺寸对服饰的重要性。

e. 节奏与韵律。节奏与韵律是音乐中的词汇。节奏是指音乐中有规律的强弱、长短变

图2-2-7　变化与统一

图2-2-8　比例与尺寸

化和重复，韵律是在节奏的基础上赋予一定的情感色彩。前者着重运动过程中的形态变化，后者着重神韵变化，给人以情趣和精神上的满足。在平面设计中，节奏指一些元素有条理地反复、交替或排列，使人在视觉上感受到动态的连续性，产生节奏感。节奏是韵律形式的纯化，韵律是节奏形式的深化，节奏富于理性，而韵律则富于感性。韵律不是简单的重复，它是有一定变化的互相交替，是情调在节奏中的融合，能在整体中产生不寻常的美感。如图 2-2-9 所示，流苏随模特的走动前后摆动，体现了节奏与韵律之美。

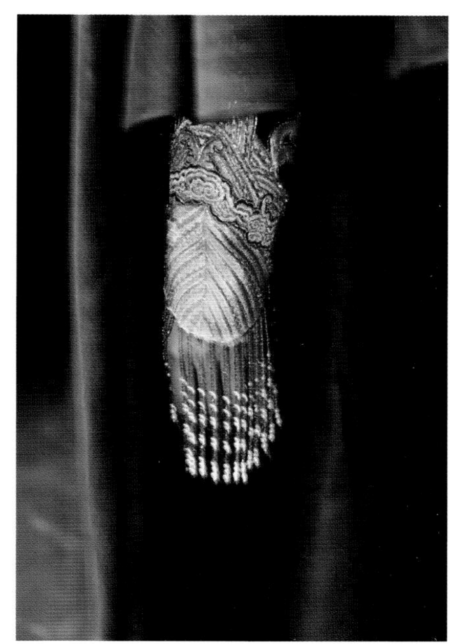

图2-2-9　节奏与韵律

f. 整体与局部。空白的处理也就是画面的空间设计。比如，原研哉大师为无印良品设计的海报画面（图 2-2-10），注重海报的留白和意境感，强调自然，他的画面设计有空白、虚实和意境感。有的设计师刚开始做设计时，总想把版面“充分利用”，把素材安排得满满的，认为画面留有空白是一种浪费。其实这种庞杂堵塞的构图往往使人“望而生畏”，留不下一点印象。空白在构图上有着不可忽视的作用，这种构图上的“少”，可以呈现出效果上的“多”。空白也能引起人们的注意，使人产生兴趣，给人留下深刻的印象，从而最大限度地达到传播目的。如图 2-2-11 所示，“盖娅传说”的这组设计有留白、有点缀，运用整体与局部的设计思路，让人感到眼前一亮。

图2-2-10　原研哉设计作品

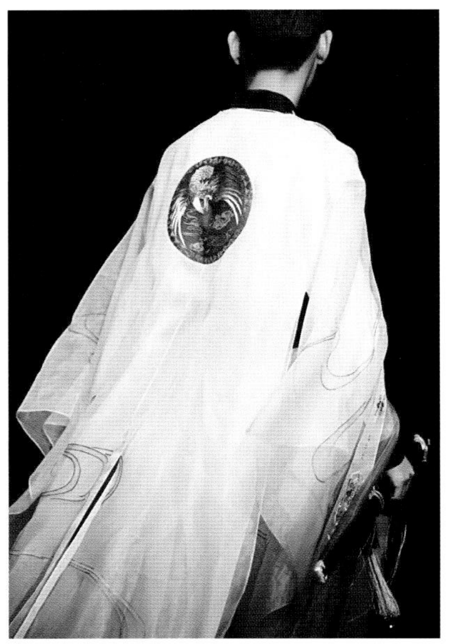

图2-2-11　整体与局部

## （二）色彩与图案

### 1. 广西世居民族色彩与图案

宋元明清时期是广西多民族聚居格局形成的重要历史时期，也是各民族服饰发展定型的时期，广西服饰文化呈现出多样化的特点。色彩是表达民族服饰图案内涵的重要因素之一，不同色彩有着不同的寓意，而不同民族也用不同色彩来表达他们的民族精神（图2-2-12）。由于色彩具有冷暖，可以进行情感表达，各民族图案与色彩应用也有相同和不同的地方。

广西地域辽阔，跨6个多纬度，近8个经度，自然环境差别造成各民族在经济、文化和生活上的差异，故服饰文化也呈现明显的地域性特征。如在沿海地区从事渔业生产的京族，服装色彩多用白、红、黄等明艳亮丽的颜色，以便在茫茫大海中容易识别，款式为宽松型，方便船上操作（图2-2-13）。又如山地民族瑶族，以包头、打绑腿、扎腰带为基本装束，目的是防荆棘、虫蛇等外物伤害。在耕山劳动中，所及之处多是烧荒的灰烬、黑土，故多穿耐脏的蓝、蓝黑色衣服，在丛林中不显眼，也是狩猎时隐蔽自己的最佳保护色。染布的蓝靛是本地自产，经济实惠，故瑶族穿蓝靛色衣服也适应山地游耕和狩猎的经济生活需要。再如，桂林地区山清水秀，四季分明，故当地服饰淡雅秀丽，冬夏服装季节性明显。

### 2. 民族服饰色彩的借鉴运用

经过调研，广西依山而居的原住少数民族，其服饰的常用色彩有蓝、青、黑、白、

图2-2-12　广西世居民族服饰图案与色彩

图2-2-13 京族服饰
（图片来源：国家地理杂志 2011 年第 09 期）

绿、红等。由于使用的是天然植物染料，面料呈现出的是以做旧的古朴蓝、黑色为主，其他靓丽的色彩为辅的服饰色彩搭配，但靠海而居的京族则以红、紫等明度高的色彩为主要服饰色彩。总体上来讲，色彩的搭配关系充满了生命活力和视觉冲击力，民族服饰色彩给设计带来的启发更多的是在高纯度对比、高纯度邻近色、高纯度互补色关系的运用，我们可以借鉴这样的色彩搭配，运用到现代服饰色彩搭配中，从而达到设计的目的。

（1）无彩色与有彩色的组合。在色彩三要素里面，无彩色只有色相和明度，没有纯度的划分。其中明度是无彩色可变的最大要素，因此，灰色也是无彩色里面最具变化的色彩。黑 + 白 = 灰，当黑色多，则为深灰，明度较低；当白色多，则为浅灰，明度较高。在无彩色的搭配中，除黑、白、灰三种色相的变化以外，善用不同明暗的灰色也是重要的搭配变化。“黑、白、灰是永远的流行色，也是所谓的安全色。”这句话充分说明了无彩色在色彩搭配中的重要作用，也是我们日常最为普遍的搭配选择。无彩色 + 无彩色的搭配自成一派，极具个性和时尚感；而无彩色 + 有彩色更是大多数人日常选用和实用的搭配选择，这样的搭配既有无彩色的沉稳，也有有彩色的绚丽，两者各有特点，相辅相成（图 2-2-14）。

（2）对比色与互补色的组合。对比色是指在 24 色色相环上相距 120° ~ 180 ° 的两种

图2-2-14 无色彩+有色彩的搭配

颜色（图2-2-15），是人的视觉感官所产生的一种生理现象，是视网膜对色彩的平衡作用。

互补色是指在色相环上距离180°左右的颜色组，一般红的补色是黄+蓝，蓝的补色是黄+红。在光学中，两种色光以适当的比例混合而能产生白光时，则这两种颜色就称为“互为补色”。补色并列时，会引起强烈对比的色觉，使人感到红的更红、绿的更绿（图2-2-15）。

（3）同类色与邻近色的组合。

①邻近色是色相环上相距60°～90°的色彩（图2-2-16），属于色相中的中对比，可以保持画面的统一感，又可以使画面显得很丰富、活泼。在色彩上有主有次的配色可以增强吸引力。邻近色之间往往是“你中有我，我中有你”。比如，朱红与橘黄，朱红以红为主，里面略有少量黄色，虽然它们在色相上有很大差别，但在视觉上却比较接近。邻近色服装搭配如图2-2-17所示。

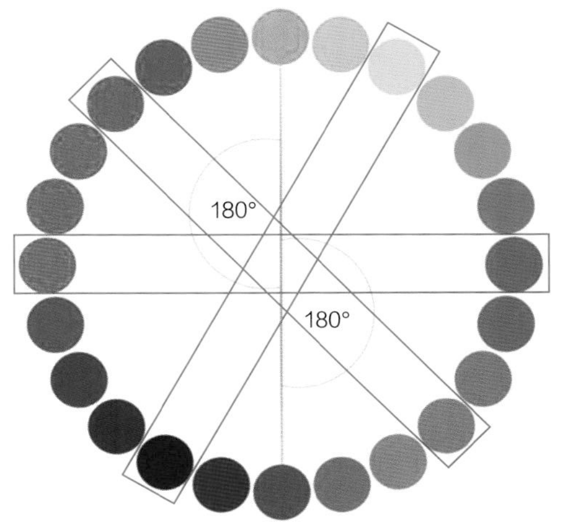


图2-2-15　对比色与互补色

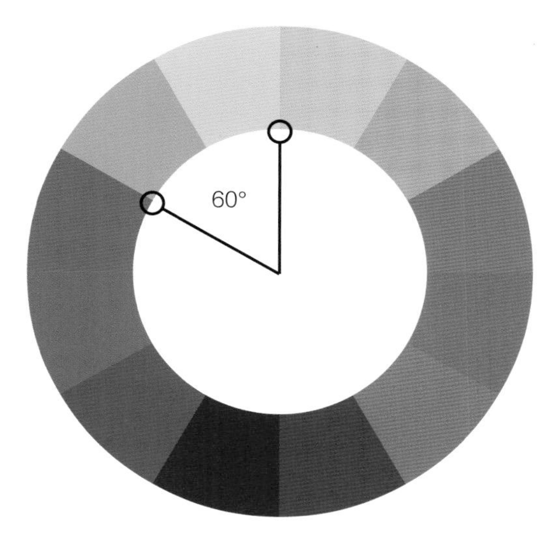


图2-2-16　邻近色

图2-2-17　邻近色服装搭配

②同类色是色相环上相距30°左右的颜色（图2-2-18），色差很小，给人以单纯、稳定、温和的感觉，可以使画面保持统一，只通过色彩的明暗参差来表现画面的立体感，如要使画面突出，可以点缀对比色，增加画面的亮点。同类色服装搭配如图2-2-19所示。

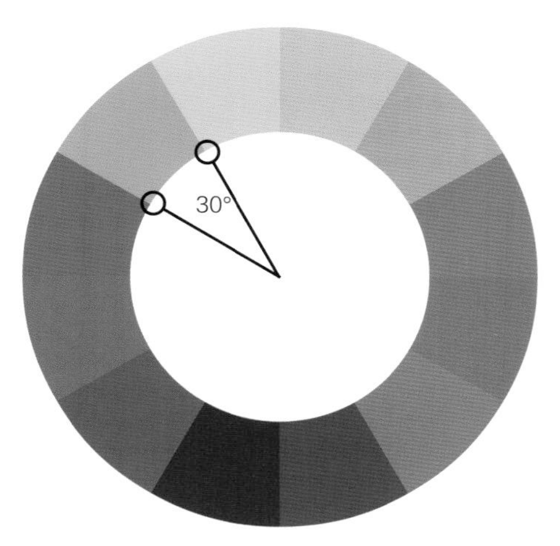


图2-2-18　同类色

图2-2-19　同类色和邻近色服装搭配

## 创意转化实例

**1. 服装廓型概括练习**

（1）将收集整理的民族服装廓型概括成几何形状（图 2-2-20）。

（2）用较硬的纸复制服装廓型。

（3）选取设计需要几何图形重新拼接组合在一起。

（4）形成新的服装廓型（图 2-2-21）。

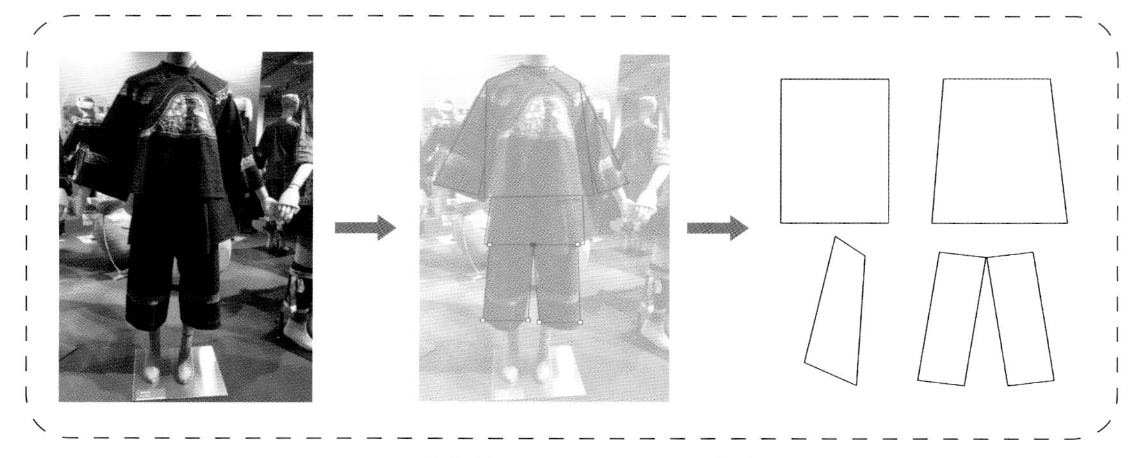

图2-2-20　收集整理的民族服装廓型概括成几何形状

图2-2-21　形成服装廓型的过程

### 2. 服装内部元素设计练习

在练习 1 得到的服装新廓型上进行服装内部细节设计（图 2-2-22）。

### 3. 服装色彩搭配练习

对练习 2 中得到的服装款式运用色彩搭配知识进行配色，如邻近色搭配、互补色搭配等（图 2-2-23）。

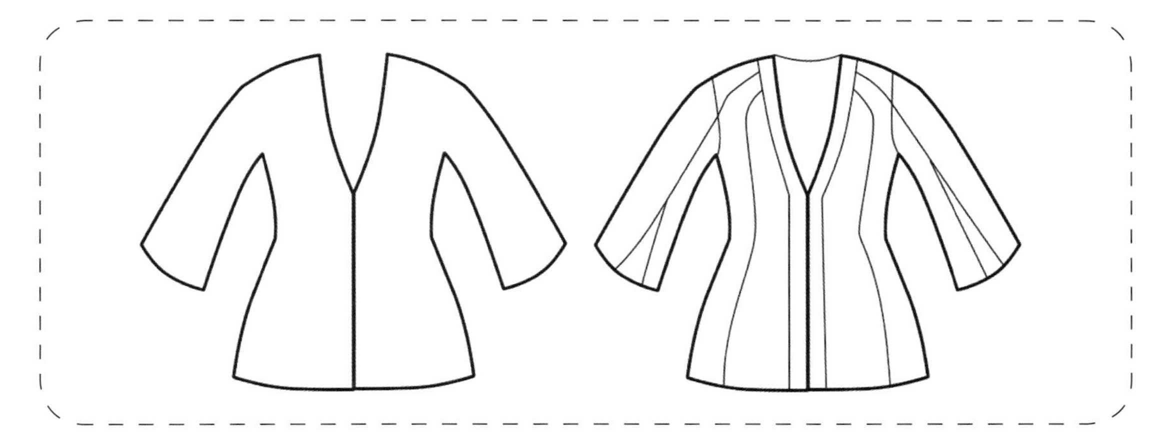

图2-2-22　服装内部细节设计

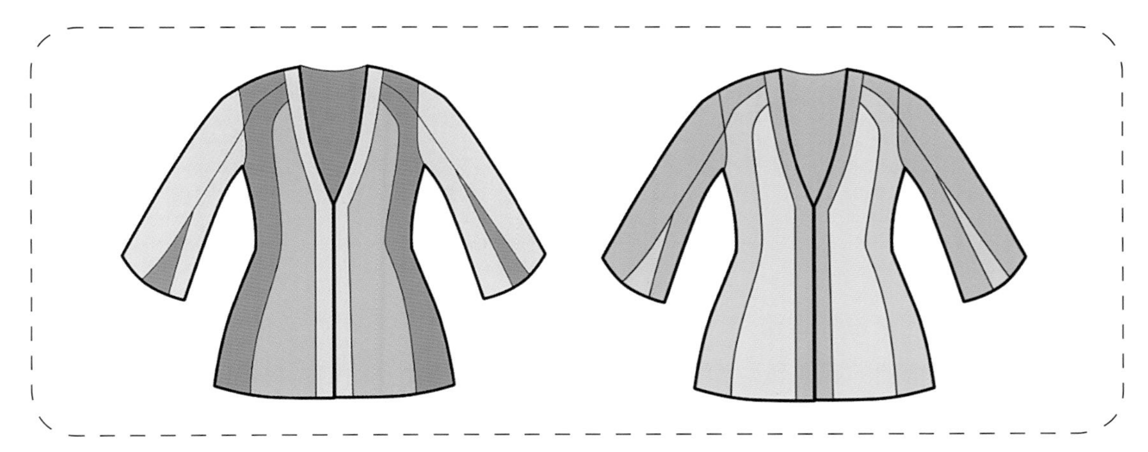

图2-2-23　色彩搭配

## 设计实践练习

### 1. 服装廓型概括训练

（1）将收集整理的民族服装廓型概括为各种几何形状并粘贴在框内。

（2）用较硬的纸复制服装廓型。

（3）选取设计需要的几何图形重新拼接组合在一起。

（4）形成新的服装廓型并粘贴在框内。

**2. 服装内部元素设计训练**

将练习 1 中得到的服装新廓型进行服装内部细节设计，并粘贴在框内。

### 3. 服装色彩搭配训练

请把练习 2 中得到的服装款式运用几种常见色彩搭配进行配色，如邻近色搭配、互补色搭配等，并粘贴在框内。

项目三

# 民族上装创意设计

## 衣

少数民族服饰中的衣保留了很多的古代服饰特征。在中国古代，上身所穿着的服装称为衣，现代的衣是服装中重要的服装款式，它涵盖了夹克衫、两用衫、T 恤等类型。穿于人体上身的常用服装，一般由领、袖、衣身、袋四部分构成，并由此四部分的造型变化形成不同款式。

## 知识要求

1. 掌握少数民族上装结构特点。
2. 掌握少数民族上装装饰特点。
3. 掌握设计元素在上装中运用的技巧。
4. 了解设计所涉及的少数民族服饰特征。
5. 掌握设计所涉及的少数民族图案色彩特征。

## 技能要求

1. 以线稿的形式绘制上装款式图。
2. 在线稿上绘制出装饰的特点并进行说明。
3. 综合运用设计技巧完成衬衣的一款创意设计。
4. 根据提取的少数民族元素完成服装线稿的绘制。
5. 将线稿进行少数民族服饰色彩着色。
6. 综合运用技巧完成一款少数民族风格的外套设计。

任务一

# 衬衣创意设计

## 一、任务描述与学习目标

| | |
|---|---|
| 任务描述 | 通过网络收集广西壮族、苗族等少数民族服饰图案，了解广西少数民族的服装形制特点，运用少数民族图案、服饰形制等进行衬衣的创意设计 |
| 学习目标 | 知识与技能：收集广西少数民族的服饰图案 |
| | 过程与方法：感受不同地域对民族服饰的影响，尝试以分组合作的形式进行学习表达 |
| | 情感与态度：欣赏少数民族地域文化之美 |

## 二、知识准备

### 1. 广西少数民族服饰上装特征

广西少数民族服饰上装如图 3-1-1 所示。

龙胜红瑶上装

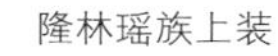

隆林瑶族上装

靖西壮族上装

仫佬族上装

图 3-1-1 广西少数民族服饰上装

广西少数民族的服饰丰富多彩，服装造型也是各具特色。广西壮族根据地域的不同，分布有不同的支系，不同的支系在服装款式和色彩上都有着很大的不同。在桂林龙胜一带，壮族女子穿白色 V 领对襟短上衣，胸前有两组一字形盘扣，袖口处镶有一道花边，内穿深蓝色或小花胸兜；在广西西部、西南部和南部地区，如百色、崇左、河池、贵港等地，壮族女子上衣为蓝色右衽大襟衣，款式多为无领或短立领，纽扣从领口经右边腋下至右侧底边。百色和崇左的龙州等地的壮族女子穿蓝色无装饰上衣。上降乡、八角乡等地的壮族女子则在领口处加装饰。河池的天峨和东兰地区女子习惯在蓝色外衣上加胸兜。而瑶族服饰在色彩款式上则更加丰富，上衣款式多为对襟交领长衣，衣襟滚边，袖口镶饰布条，不同支系的瑶族上装在绣花装饰上各具特色（图 3-1-2）。

图3-1-2　金秀盘瑶上衣

**2. 广西少数民族服饰上装的常见造型**

广西少数民族服饰上装主要有对襟交领长衣、立领或无领右衽大襟衣、V 领对襟短上衣、贯首衣等，外饰有各种造型的胸兜、挑花刺绣装饰等。款式并不复杂（图 3-1-3 ~ 图 3-1-5）。

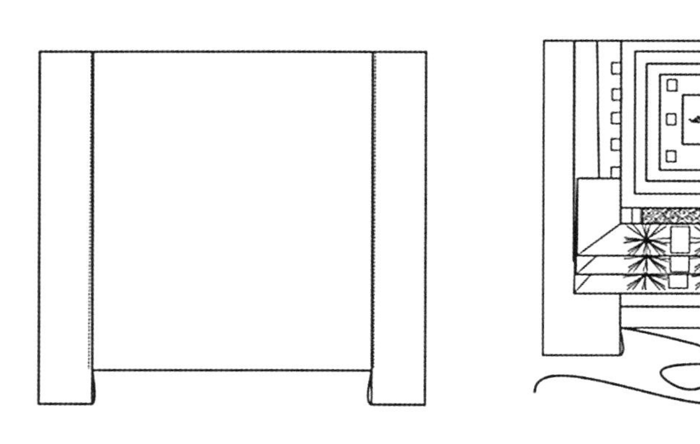

图3-1-3　白裤瑶女装贯首衣款式图

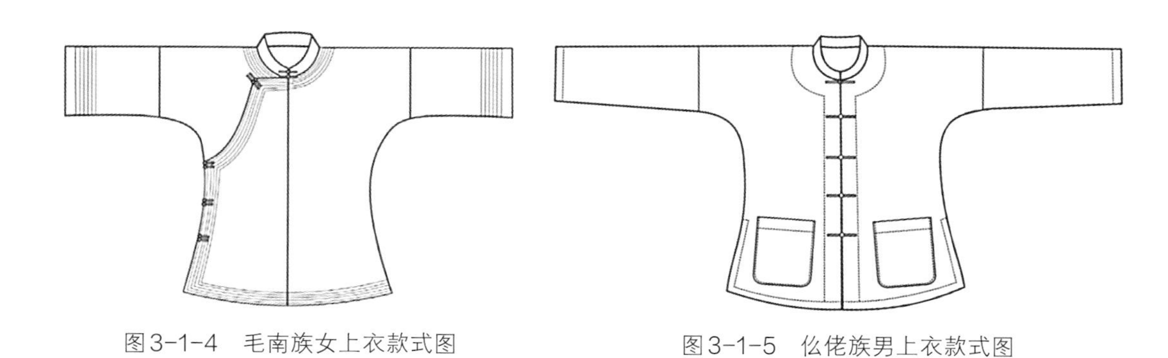

图3-1-4　毛南族女上衣款式图　　图3-1-5　仫佬族男上衣款式图

### 3. 广西少数民族服饰上装的常见图案及饰品

广西少数民族服饰男上装款式简单（图 3-1-6），女上装则在款式、图案及花边装饰上进行各种变化，如常在服装的领子上装饰花边、刺绣，刺绣纹样多为花鸟虫鱼等图案。此外，还使用各种类型的拼布装花设计，让整个服装显得非常的精致（图 3-1-7）。

图3-1-6　广西少数民族服饰男上装

图3-1-7　广西少数民族服饰女上装

壮族女子上衣为无领右衽款式，在衣服下部使用拼布拼花设计，使整件服装看起来非常有特色。

图 3-1-8 所示为水族女上衣，为无领款式，领子使用的是双层镶边工艺，领子外围有一圈立体的马尾绣云纹装饰。外饰的肚兜上也有精美的马尾绣，绣有菊花和鱼的图案，整体款式简单大方，配色典雅。

图3-1-8　水族女上衣

## 三、民族元素在上装中的运用

在日常的服装设计中，可以使用少数民族的服饰元素进行民族风格服装的设计，如借鉴服装的款式或使用民族图案。下面以一款女衬衣（图 3-1-9）为例进行设计思路分析。

首先，设计服装的款式。通过前面的学习我们知道，少数民族的上衣款式并不复杂，可以提取里面的几个设计元素，如立领、对襟、右衽交领、无领镶边等。

图3-1-9　设计款少数民族女衬衣

其次，设计衣身。衣身的设计多为普通款式，主要是进行一些拼接设计，袖子也是普通的连身袖，可以结合现代的服饰特点，设计成装袖或者组合袖型。

最后，色彩设计。可以借鉴少数民族上衣常用的色彩，如深蓝色、黑色，在这些颜色上辅以各种点缀色，让服装亮起来。也可以选择装饰图案的色彩。总之在色彩设计上要美观大方。另外，可以使用常见的民族图案，采用刺绣、拼布等手法，让服装整体效果更加丰富。

通过对少数民族上衣元素的提取，这款衬衣选择了常见的衬衫企领，采用了右衽变化门襟，使用了镶边的工艺。在门襟、领子处运用了民族绣花图案，使整体效果更加立体生动。衣身上尽量简单，不进行过多的变化设计。使用了琵琶袖造型设计，在细节处体现设计师的奇思妙想。

## 创意转化实例

请设计一款具有民族元素的上衣。

**1. 创意点**

请将你喜欢的创意素材收集好粘贴在框内，并用文字描述你选择的素材的色彩和特点。

答：广西壮族织锦图案，包含丰富的色彩和几何元素，以蓝天白云的色彩为基调，体现出民族元素与大自然结合的灵感来源，如图 3-1-10 所示。

**2. 创意与上衣款式的结合**

请选择一个上衣款式并绘制草稿（图 3-1-11）。

图3-1-10　民族元素

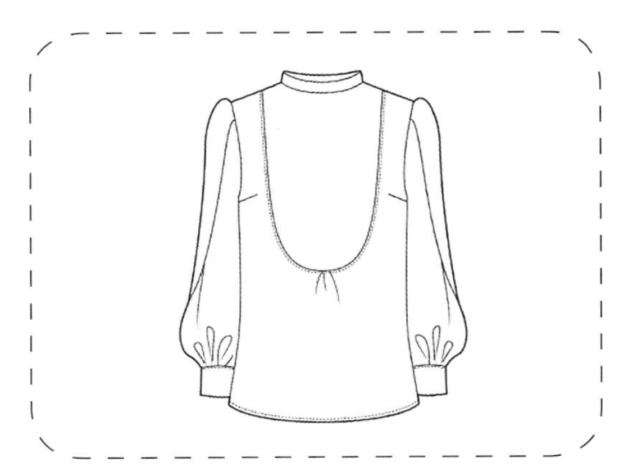
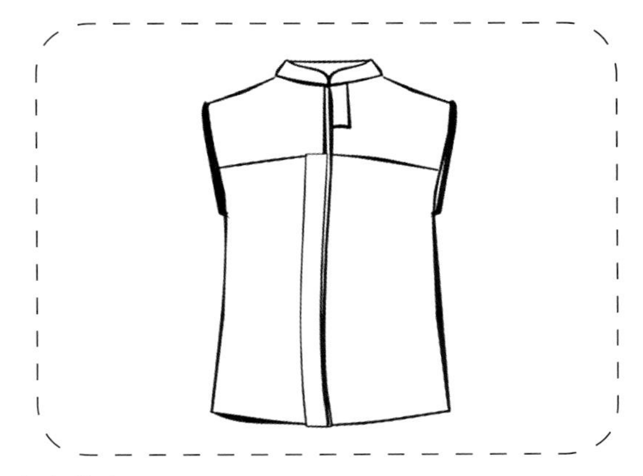

图3-1-11　上衣款式

3. 制作材料的选择

答：本设计使用丝绸类和雪纺类面料（图 3-1-12）。

图3-1-12　面料

4. 面料的特点分析（材质较软还是硬？制作难度如何？）

答：使用较为柔软的面料制作，因为面料柔软容易变形，所为在制作上有难度。因此在缝制时需要配合面料的定型辅料如黏合衬、牵条衬等才能更好地完成服装制作。

5. 设计成品

衬衫的设计成品如图 3-1-13 所示。

图 3-1-13　成品图

6. 设计小结

答：本款上衣的设计创意来源于广西壮族织锦图案，壮族织锦图案用多种几何纹大小结合、方圆穿插，编织成繁密而富于韵律感的复合几何图案，有严谨和谐之美。该上衣是无袖立领款式，采用蓝白棉布和真丝面料作为底布，为清新自然的设计风格定下设计基调，用广西壮族织锦图案点缀于门襟的花边之上作为装饰，使壮锦图案与自然色调完美结合。

## 设计实践练习

以少数民族服饰为灵感完成民族风格上衣设计。

1. 创意点

上衣设计资料收集整理，请将常见服饰纹样手绘至下框中。

**2. 上衣设计主要色彩**

请将色彩收集填涂于框内，也可以手绘后粘贴。

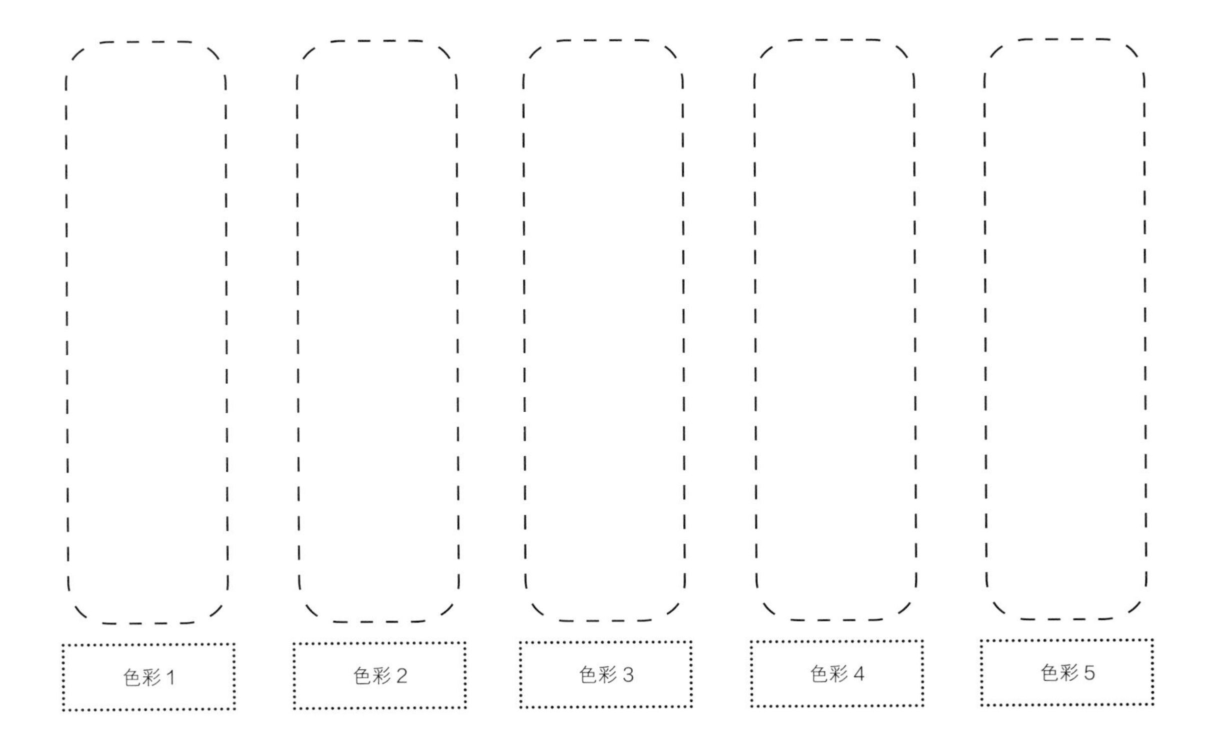

### 3. 上衣样式特点

请将收集的上衣图片粘贴于下框内，也可以手绘后粘贴。

### 4. 上衣创意设计

请在相应的款式图（图 3-1-14）中进行创意设计。

图 3-1-14　上衣款式图

### 5. 设计小结

答：________________________________________

________________________________________

________________________________________

## 任务二

# 外套创意设计

## 一、任务描述与学习目标

| | |
|---|---|
| 任务描述 | 通过网络收集广西少数民族服饰图案，了解广西少数民族的服装形制特点，运用少数民族图案、服饰形制等，以瑶族服饰为例进行外套的创意设计 |
| 学习目标 | 知识与技能：收集广西少数民族的服饰图案 |
| | 过程与方法：感受不同地域对民族服饰的影响，尝试以分组合作的形式进行学习表达 |
| | 情感与态度：欣赏少数民族地域文化之美 |

## 二、知识准备

### 1. 广西瑶族服饰特征

瑶族是中国最古老的少数民族之一，主要居住在山区，分布在广西、湖南、云南、广东、贵州等省、自治区。瑶族妇女善于刺绣，在衣襟、袖口、裤脚镶边处都绣有精美的图案花纹。女子以发结细辫绕于头顶，围以五色细珠，衣襟的颈部至胸前绣有花彩纹饰（图 3-2-1 ）。男子则喜欢蓄发盘髻，并以红布或青布包头，穿无领对襟长袖衣，衣外斜挎白布坎肩，下着大裤脚长裤。 瑶族男女长到十五六岁要换掉花帽改包头帕，标志着身体已经发育成熟了。

### 2. 广西瑶族服饰分类

瑶族因其居住地和服饰等方面的特点不同，曾有过山瑶、红头瑶、大板瑶、平头瑶、蓝靛瑶、沙瑶、白头瑶等自称和他称。瑶族各分支服饰特点为，红头瑶：妇女头缠红布，衣袖与裤脚绣五彩花纹，胸前缀银排扣，戴银耳环和银项圈，自称“孟”或“洞班黑尤”。白头瑶：妇女顶蓝布红边头帕，缀红白线缠头为饰，青蓝色长衣裤并缘以红白色花边，自称“黑尤蒙”。蓝靛瑶：以善种蓝靛（蓝色植物染料）得名，用芭蕉叶作平顶帽，青布盖头，着青色衣裤，胸饰银排扣，系红珠线，自称“秀门”或“吉门”。沙瑶：妇女打扮与壮族支系“布沙”相似，头缠黑色纱帕，穿青蓝色斜襟上衣，衣裤饰以条纹状花边。

图3-2-1　瑶族服饰

## 三、广西瑶族图案在外套设计中的运用

以广西瑶族传统图案为元素设计的外套如图3-2-2所示。其设计说明如下：首先，设计服装的款式。通过前面的学习可知，瑶族女外套的款式较为复杂，各种装饰刺绣花边、大面积的刺绣腰带等。可运用这些细节，如大绣花领边、刺绣腰带等进行设计。其次，设计时要结合现代的款式，纯粹的民族款式在市场上并不受欢迎，因此在细节设计上就需要取舍了。最后，色彩设计上借鉴瑶族常用的橙色、黑色、红色，让秋冬的外套看起来更加跳脱。

图3-2-2　以广西瑶族传统图案为元素设计的外套

## 创意转化实例

请设计一款具有民族元素的外套。

### 1. 创意点

请将你喜欢的创意素材收集好粘贴在框内，并用

文字描述你选择的素材的色彩和特点。

答：广西瑶族织锦图案，以黑色或者深蓝色棉布打底，使用刺绣手法绘制各种几何元素纹样，运用了大量的橙色和黄色，色彩大胆艳丽，装饰效果显著。如图 3-2-3 所示。

图3-2-3　民族元素

**2. 创意与外套款式的结合**

请选择一个外套款式并绘制草稿（图 3-2-4）。

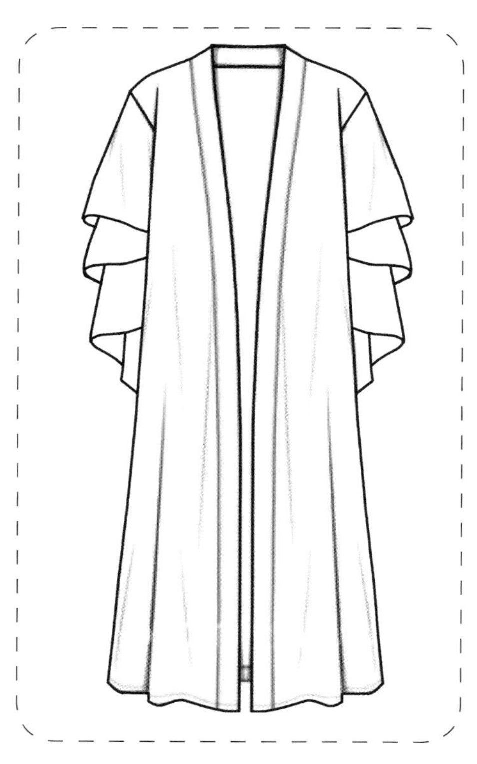

图3-2-4　外套款式

3. 制作材料的选择

答：本设计使用风衣类和毛呢类面料制作，如图 3-2-5 所示。

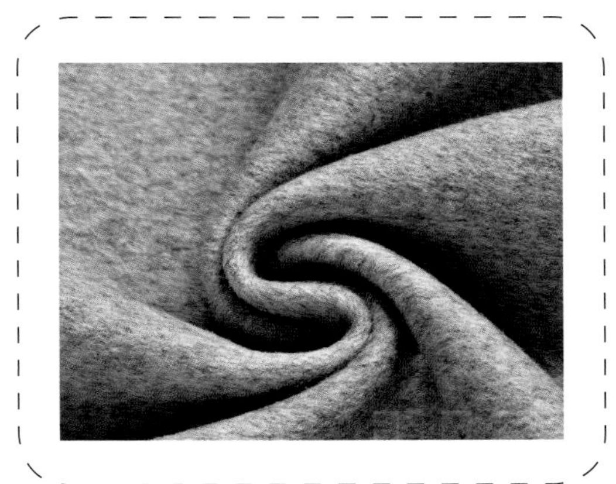

图3-2-5　面料

4. 面料的特点分析（材质软还是硬？制作难度如何？）

答：外套需要使用有一定厚度的面料制作，软度中等，制作上也需要用黏合衬配合制作，制作难度中等。

5. 设计成品

外套设计成品如图 3-2-6 所示。

图3-2-6　成品图

6. 设计小结

答：本款外套的设计创意来源于广西白裤瑶族服饰及刺绣图案，瑶族刺绣图案用多种几何纹大小结合，方圆穿插，编织成繁密而富于韵律感的复合几何图案，有严谨和谐之美。该外套是立领款式叠加马甲，采用白色麻布和黑色毛呢面料制作，袖口设计运用了蜡染工艺，用白裤瑶的典型图案点缀作为装饰，使得白裤瑶图案与整体款式和谐自然。

## 设计实践练习

借鉴某民族素材进行外套设计。

1. 某民族特色外套设计资料整理

请将所收集的服饰纹样手绘至下框中。

**2. 收集某民族特色外套设计所用的主要色彩**

请将所收集色彩涂于框内，也可手绘后粘贴。

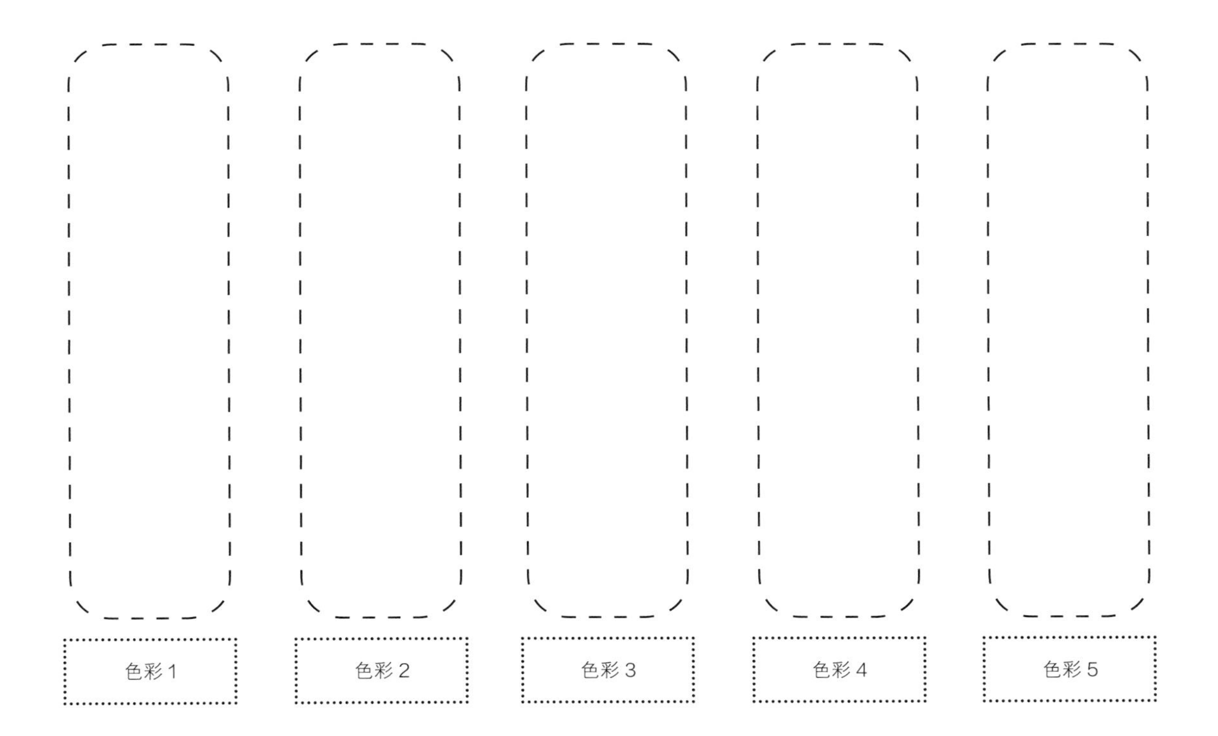


**3. 某民族服饰样式特点**

请将收集的服饰图片粘贴于下框中，也可以手绘后粘贴。

**4. 借鉴所收集的某民族外套样式进行创意设计**

请在相应的款式图（图 3-2-7）中进行创意设计。

图3-2-7　外套款式图

项目四

# 民族下装创意设计

## 下装

穿在腰节以下的服装称为下装，主要有各种裙子和各类裤子。“裙”是人类最早的下装，先有裙才有裤，裙和裤都是人们下身所穿的主要服饰。在下装设计中，不同位置的腰位配以不同的裤型、裙型、分割、褶皱、图案等元素，可以得到丰富的下装款式。

## 知识要求

1. 简述少数民族裙装特征。
2. 掌握少数民族裙装的常见造型。
3. 掌握民族元素在裙装中的运用方法。
4. 简述少数民族裤装特征。
5. 掌握少数民族裤装的常见造型。
6. 简述少数民族裤装的常见图案及饰品。
7. 掌握民族元素在裤装中的运用。

## 技能要求

1. 根据民族元素提取与分析完成 2 ~ 3 款裙装的设计。
2. 根据民族元素提取与分析完成 2 ~ 3 款裤装的设计。

**任务一**

# 裙装创意设计

## 一、任务描述与学习目标

| | |
|---|---|
| 任务描述 | 通过网络收集广西少数民族服饰图案，了解广西少数民族的服装形制特点，运用少数民族图案、服饰形制等进行裙装的创意设计 |
| 学习目标 | 知识与技能：收集广西少数民族的服饰图案和裙装款式 |
| | 过程与方法：感受不同地域对民族服饰的影响，分析不同民族裙装款式特点，尝试以分组合作的形式进行设计 |
| | 情感与态度：欣赏和感受少数民族地域文化之美 |

## 二、知识准备

### 1. 广西少数民族裙装特征

广西世居民族大多数服饰下装为裙子。黑衣壮族的服饰至今仍然保留着传统特点和内涵。沙梨壮族以黑衣黑裙为礼服，缝制最为讲究；白衣蓝裙则为日常劳动时所穿，布质稍粗。沙梨壮族因所穿短衣、长裤和短裙分黑、白、蓝三色，衣短齐腰，裙长至膝，裤长过脚，犹如层楼叠起，错落有致，也被人称为“三层楼”（图 4-1-1）。隆林、西林县（自治县）彝族女子下装上窄下宽，自腰部长至脚面，膝盖以上为青、蓝、黑色，呈分节筒状，膝盖以下为红白或红黄色分节褶裙，边缘绣花（图 4-1-2）。苗族服饰下装为百褶裙，前后有围腰（图 4-1-3）。水族女子下穿百褶裙，系围裙。瑶族女裙如图 4-1-4 所示。

图 4-1-1　沙梨壮族女装“三层楼”

图 4-1-2　西林彝族三节多色裙

图4-1-3 隆林偏苗女裙

图4-1-4 瑶族女裙

### 2. 广西少数民族裙装的常见造型

广西少数民族裙装主要为百褶裙、节褶裙、筒裙，有的配围腰、围裙（图 4-1-5）。

### 3. 广西少数民族裙装的常见图案及工艺

广西少数民族裙装的常见图案为花、鸟、鱼等纹样，造型丰富生动。多采用绣花（图 4-1-6）、蜡染（图 4-1-7）、扎染等工艺。苗族挑花十字绣如图 4-1-8 所示，壮族花鸟刺绣如图 4-1-9 所示。

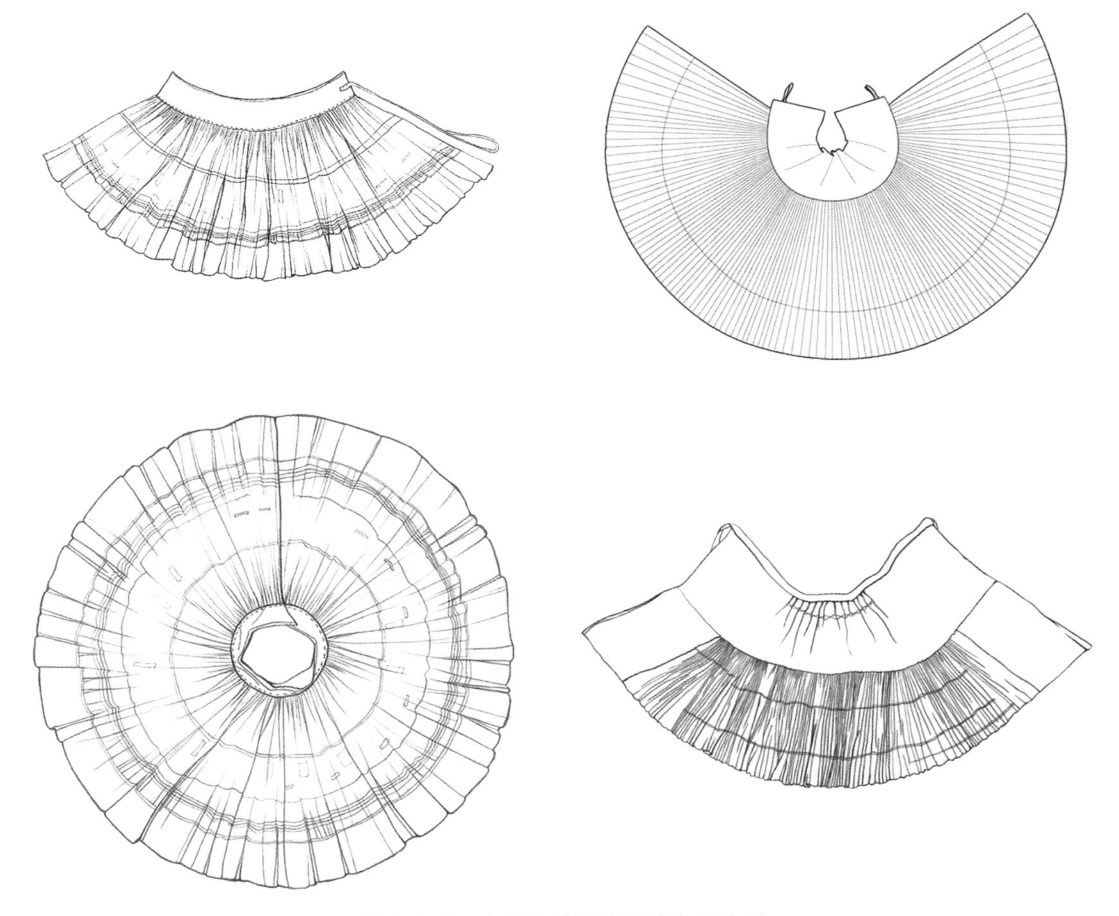

图4-1-5　广西少数民族裙装常见造型

图4-1-6　绣花

图4-1-7 蜡染

图4-1-8 苗族挑花十字绣

图4-1-9 壮族花鸟刺绣

壮锦的图案纹样大多来源于生活和大自然，也来源于本民族的图腾崇拜，几何纹是壮锦的主要纹样，也是较早出现的纹样，我们熟知的云纹、雷纹、菱形纹、方格纹、水波纹、羽状纹、井字纹、回字纹、万字纹、编织纹、弦纹、同心圆纹等是壮锦常见的几何图案。几何纹的图案结构严谨，色彩鲜明，对比强烈，具有浓艳粗犷的艺术风格（图 4-1-10）。

图4-1-10 常见壮族服饰图案

## 三、民族元素在裙装中的运用

广西少数民族裙装以百褶裙为主，裙长可长可短。根据各民族穿着习俗，裙子的褶裥可以或宽或窄或密，给人清新质朴的感觉。日常穿着的裙装是加上民族元素的百褶裙，增加了服装的设计感（图 4-1-11）。

图 4-1-11　具有民族元素的日常服装

## 四、民族元素裙装设计

设计一款具有民族元素的百褶裙。首先设计裙子的款式，通过前面的学习，可以了解到百褶裙的造型、常见图案及工艺，可以提取相关设计元素进行设计，也可以结合现代设计风格进行设计。在色彩设计上，可以借鉴少数民族百褶裙常用的色彩，也可以根据流行时尚色彩进行设计。运用褶裥的宽窄和刺绣、挑花、蜡染、扎染等工艺手法，让服装整体设计效果更加丰富。

## 创意转化实例

请设计一款具有民族元素的百褶裙。

### 1. 创意点

请将你喜欢的创意素材收集好粘贴在框内，并用文字描述你所选择的素材的色彩和特点。

答：清代的广西龙胜壮族百褶裙（图 4-1-12），青布挑花贴布绣百褶裙的褶裥较细密，其密度与融水、三江、龙胜一带的苗族、侗族的百褶裙相似，比瑶族的百褶裙要紧致，裙长 80 厘米左右，穿时过膝盖至小腿肚处，相对苗族、侗族的仅到膝盖的细褶裙，又可以称为“长裙”。加上裙身中间的挑花贴布装饰纹样，整体显得端庄得体，朴素大方。

图 4-1-12　龙胜壮族百褶裙

2. 创意与裙装的结合

请选择一个裙装款式（图 4-1-13）并在上面绘制草稿。

图 4-1-13　裙装款式图

3. 制作材料的选择

答：浅灰色亚麻面料（图 4-1-14），蓝色壮锦纹样（图 4-1-15），白色缎。

图 4-1-14　浅灰色亚麻面料

图 4-1-15　蓝色壮锦纹样

4. 面料的特点分析（材质是软还是硬？制作难度如何？）

答：采用中厚浅色亚麻面料为主色布料，裙装不会透光，有一定的垂悬感。蓝色壮锦纹样，色彩饱满有光泽，有绣花的效果，白色缎面收腰，让裙装不沉闷。

5. 设计成品

裙装设计成品如图 4-1-16 所示。

图 4-1-16　成品图

6. 设计小结

答：本款裙装的设计创意来源于清代的广西龙胜壮族百褶裙。传统壮族服饰以深色为主，尝试把裙装布料换成浅灰色的亚麻布，用蓝色壮锦做裙边配色，腰部收宽褶用亮白缎做腰带，加入一些亮色后，使裙装更有活力，穿着者舒适大方，既是一种创新，也是一种传承。

## 设计实践练习

以少数民族裙装为灵感，完成百褶裙设计。

1. 创意点

百褶裙设计资料整理，请将常见服饰纹样手绘至下框中。

## 2. 百褶裙设计主要色彩

请将色彩收集填涂于框内，也可以手绘后粘贴。

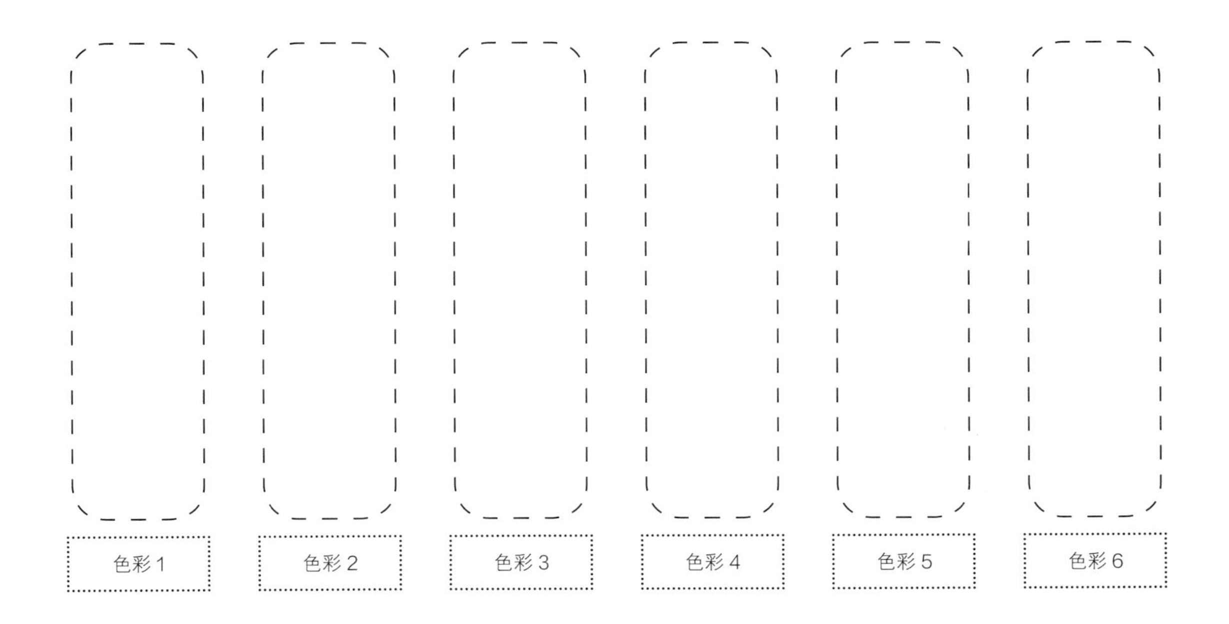


## 3. 百褶裙样式特点

请将收集的百褶裙样式图片粘贴于此处，也可以手绘后粘贴。

### 4. 百褶裙创意设计

请在图 4-1-17 所示的空白人体模型图中进行创意设计。

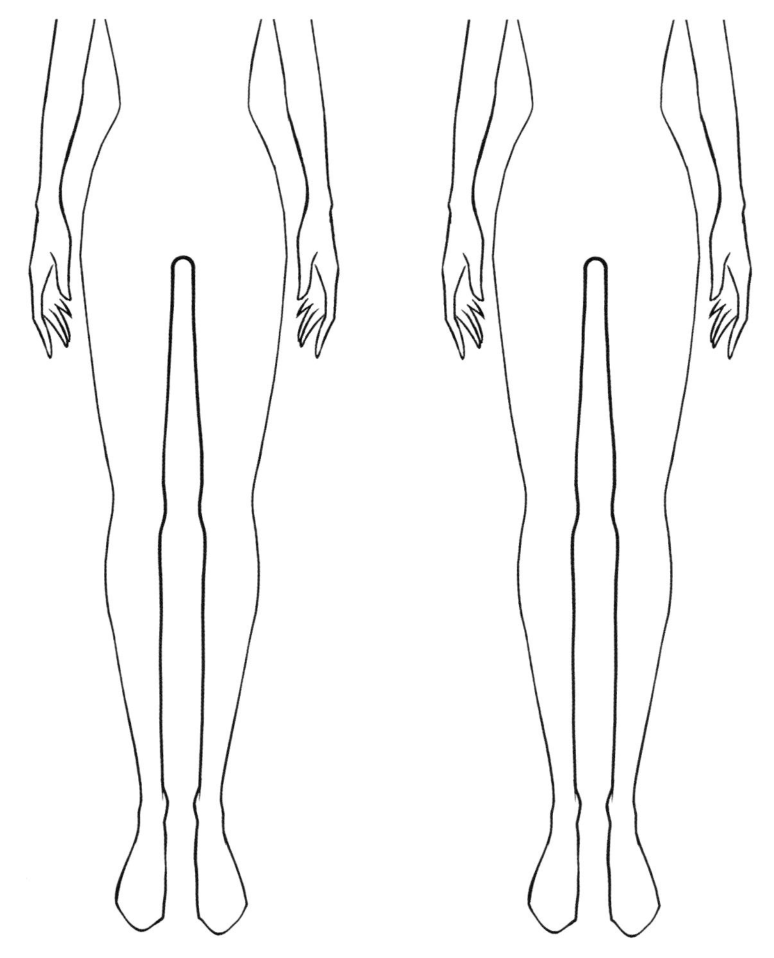

图 4-1-17　空白人体模型图

### 5. 设计小结

答：

任务二

# 裤装创意设计

## 一、任务描述与学习目标

| | |
|---|---|
| 任务描述 | 通过网络收集广西少数民族服饰图案，了解广西少数民族的服装形制特点，运用少数民族图案、服饰形制等进行裤装的创意设计 |
| 学习目标 | 知识与技能：收集广西少数民族的服饰图案和裤装款式 |
| | 过程与方法：感受不同地域对民族服饰的影响，分析不同民族裤装款式特点，尝试以分组合作的形式进行设计 |
| | 情感与态度：欣赏少数民族地域文化之美 |

## 二、知识准备

### 1. 广西少数民族裤装特征

广西世居民族服饰下装除裙装外也有裤子。壮族男女裤子式样基本相同，裤脚有绲边，俗称“牛头裤”。壮族男装下装为宽头裤、宽裤管、大裆裤。过去壮族男子服装的民族特色比较明显，如今基本汉化，穿着打扮与汉族男子相近。白衣壮族多居住在桂林龙胜一带，白衣壮族女子下穿黑色长裤或深蓝色长裤，膝盖以下镶有一宽一窄的两条花边（图 4–2–1）。隆林壮族女裤宽肥，裤脚稍宽（图 4–2–2）。毛南族女裤裤脚镶三条黑色花边，花边大小要和上衣一样（图 4–2–3）。仫佬族女裤裤脚配几何纹，或者用小彩丝线绣上花、草、虫、鸟图案，显得生动美观、栩栩如生（图 4–2–4）。西林壮族女裤宽肥，裤脚稍宽，裤脚沿口镶二道异色彩条（图 4–2–5）。水族女子青布长裤，裤脚用马尾绣出图案装饰（图 4–2–6）。彝族男裤为多褶宽脚长裤，内穿羊毛织成的形似靴子的毡袜，或裹棉、毛绑腿护脚和御寒（图 4–2–7）。白裤瑶族男子穿白色灯笼裤，长及膝盖，膝部绣有五条红色花纹，也是他们氏族图腾的标志（图 4–2–8）。

### 2. 广西少数民族裤装的常见造型

广西少数民族裤装款式男女比较相似，有大裆裤、小裆裤、大裤腿、小裤腿、短裤、仿西裤，有的裤脚有绑腿，也有的裤脚有织带、绣花等装饰，如图 4–2–9 所示。

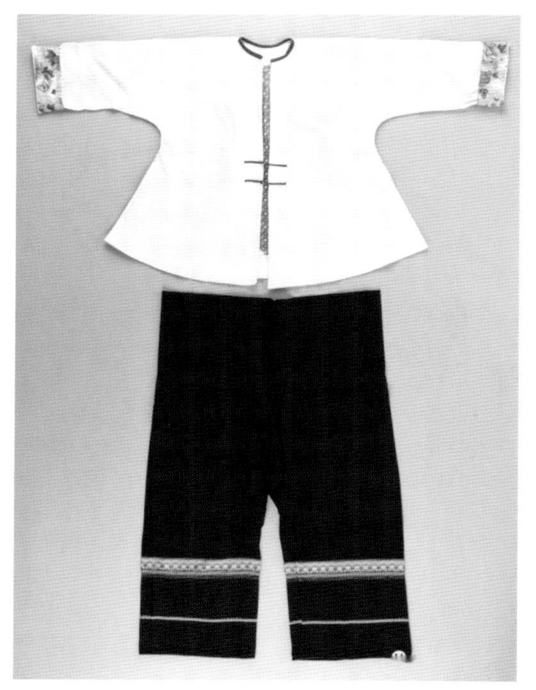

图4-2-1　白衣壮族女裤

图4-2-2　隆林壮族女裤

图4-2-3　毛南族女裤

图4-2-4　仫佬族女裤

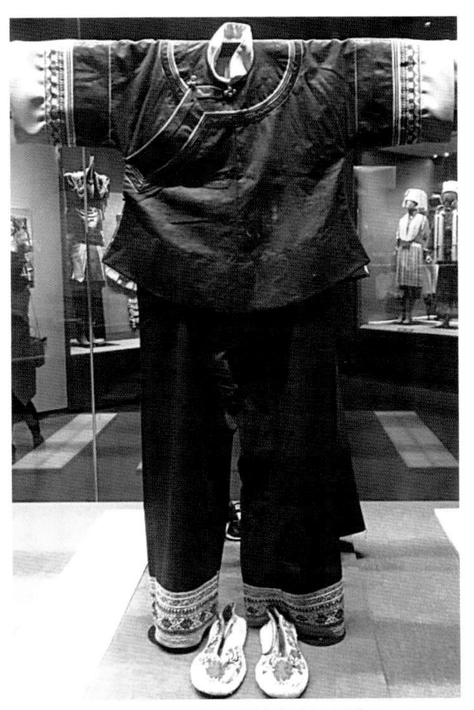
图4-2-5 西林壮族女裤

图4-2-6 水族马尾绣女裤

图4-2-7 彝族男裤

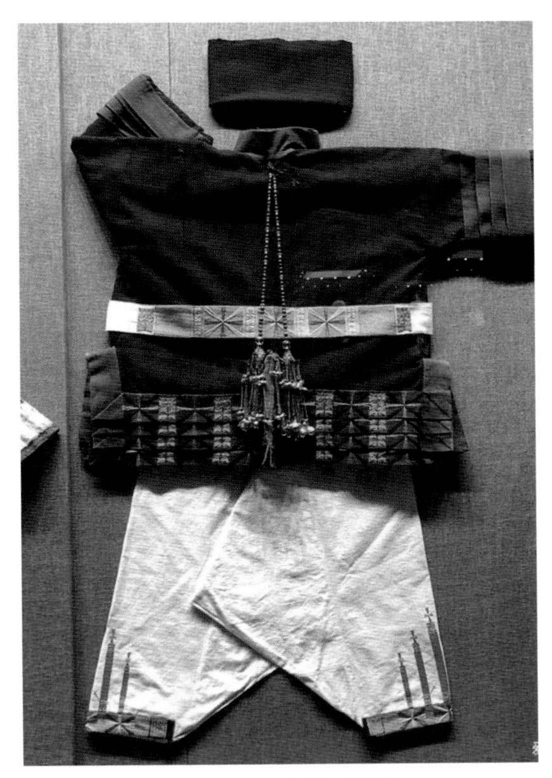
图4-2-8 白裤瑶男裤



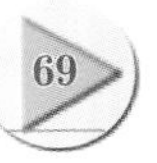

图4-2-9　常见造型

### 3. 广西少数民族裤装的常见图案

广西少数民族裤装的图案纹样题材十分丰富，花草树木，鸟兽鱼虫，无所不有。用挑花、刺绣、织锦、布贴等方式制作，各具匠心，千变万化，极富感染力，如图4-2-10所示。

图4-2-10　裤装图案纹样

## 三、民族元素在裤装中的运用

在日常的服装设计中，可以使用少数民族的服饰元素进行民族风格服装的设计。可以借鉴服装的款式，也可以使用民族图案进行设计，如图 4-2-11 所示。

图4-2-11 民族元素在日常裤装中的运用

# 创意转化实例

请设计一款具有民族元素的裤装。

### 1. 创意点

请将你喜欢的创意素材收集好粘贴在框内，并用文字描述你选择的素材的色彩和特点。

答：广西黑衣壮族以黑为美，以黑作为穿着和民族的标记，而且在穿戴上讲究实用，款式大方，朴素美观，别有风格，如图 4-2-12 所示。

图 4-2-12　广西黑衣壮族服饰

### 2. 创意与裤装款式的结合

请选择一个裤装款式（图 4-2-13）并在上面绘制草稿。

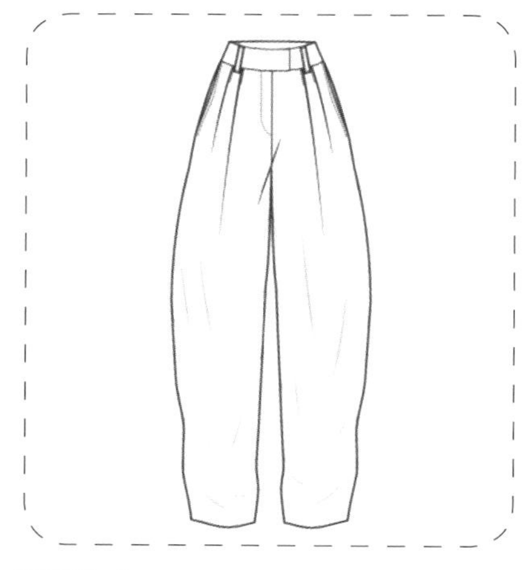

图 4-2-13　裤装款式

### 3. 制作材料的选择

答：黑色麻布（图 4-2-14）为主面料，雪纺面料（图 4-2-15）为装饰面料。

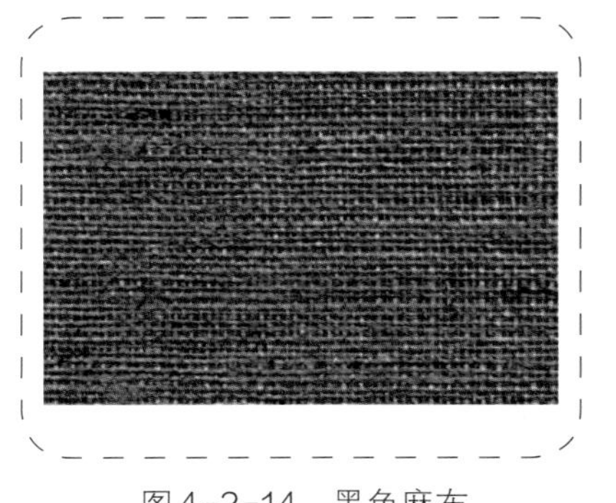

图 4-2-14　黑色麻布

图 4-2-15　雪纺面料

### 4. 面料的特点分析（材质是软还是硬？制作难度如何？）

答：采用中厚黑色麻布，舒适不透光，轻薄雪纺面料装饰轻盈，方便服装制作。

### 5. 设计成品

成品如图 4-2-16 所示。

图 4-2-16　成品图

6. 设计小结

答：本款裤装的设计创意来源于广西黑衣壮族。该裤装是高腰灯笼裤款式，采用黑色麻布和雪纺面料作为底布，为朴实大方的设计风格定下设计基调，用广西壮族织锦图案点缀于腰头的花边之上作为装饰，使黑衣壮族的特色完美展现出来。

## 设计实践练习

请以大自然为灵感来源设计一个民族风格裤子。

1. 创意点

请将你喜欢的大自然图案收集好粘贴在框内，并用文字描述你所选择的大自然色彩和特点。

答：________________________________________

________________________________________________

2. 创意与裤装的结合

请选择一个裤型并在下面框内绘制草稿。

3. 制作材料的选择

答：

4. 面料的特点分析（材质是软还是硬？制作难度如何？）

答：

### 5. 绘制成品线稿

在图 4-2-17 所示的空白人体模型图中绘制民族风格裤子。

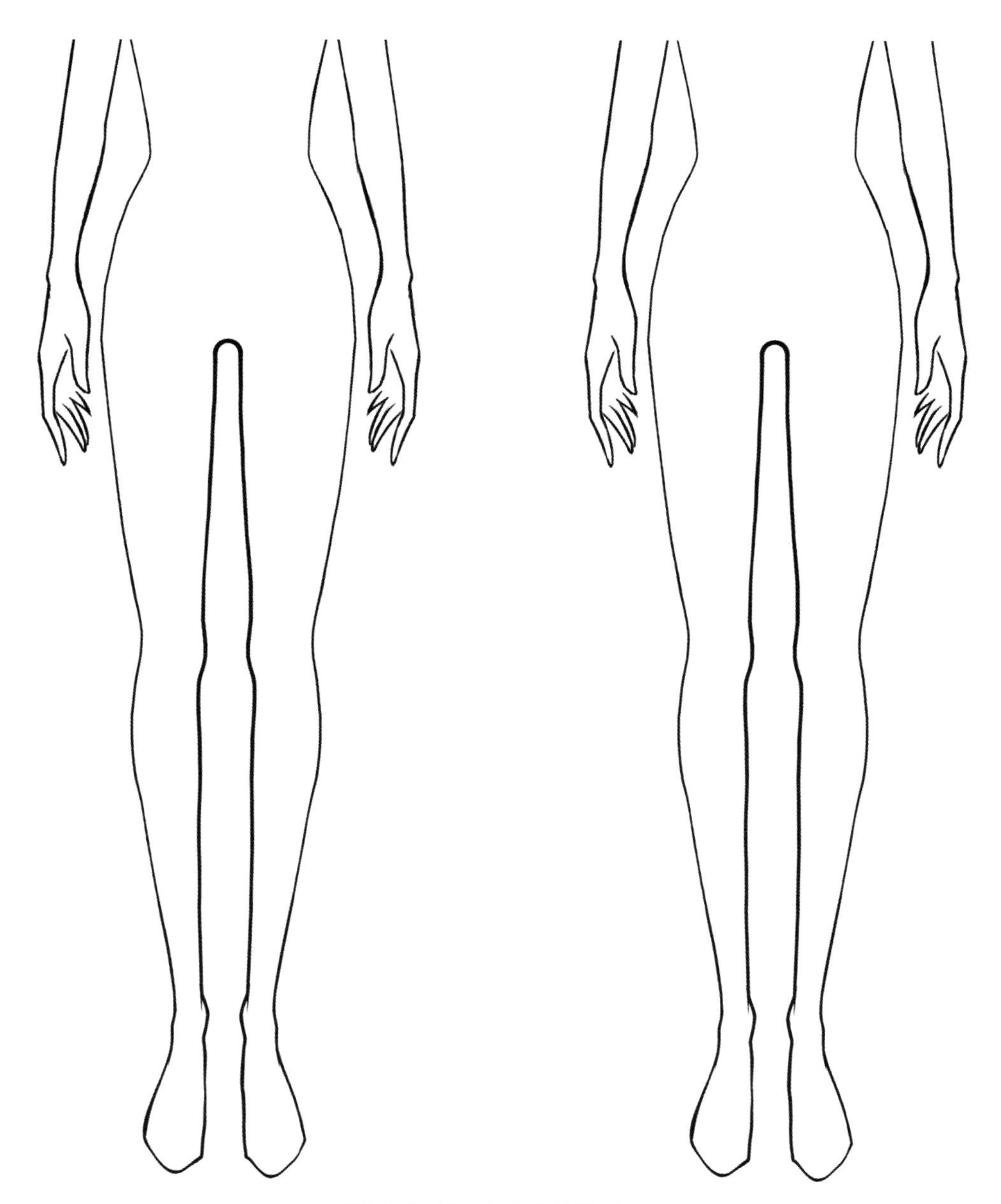

图 4-2-17　空白人体模型图

### 6. 设计小结

答：________________________________________

________________________________________

________________________________________

项目五

# 民族盛装与礼服创意设计

## 民族盛装

民族盛装是各少数民族节庆礼仪场合穿用的民族服装。由于地理环境、气候、风俗习惯、经济、文化等原因，经过长期的发展，从而形成不同风格，五彩缤纷，绚丽多姿，并具有鲜明的民族特征。民族盛装丰富的民族元素和精巧的民族手工艺为现代礼服的创新设计提供了丰富的素材，在现代礼服创新设计中可以统筹运用民族元素，将民族元素融入现代服饰设计中。

## 知识要求

1. 了解少数民族盛装的特征。
2. 掌握盛装的造型和头饰。
3. 掌握少数民族盛装常见图案及饰品。
4. 掌握少数民族元素在盛装中运用的方法。
5. 掌握少数民族礼服款式特征。
6. 掌握少数民族礼服款式设计方法。
7. 掌握民族元素在礼服中的运用技巧。
8. 掌握系列服装的设计思路。
9. 掌握系列服装的设计步骤。

## 技能要求

1. 根据民族元素提取与分析完成民族盛装设计草案。
2. 根据草案完成男女盛装设计各一套。
3. 根据草案完成男女盛装设计配套饰品（鞋子、包、头饰等，不少于 3 种）。
4. 根据民族元素提取与分析完成民族礼服设计草案。
5. 根据草案完成男女礼服设计各一套。
6. 根据草案完成男女礼服设计配套饰品（鞋子、包、头饰等，不少于 3 种）。
7. 根据民族元素提取与分析完成民族系列服饰草案（3 ~ 5 套）。
8. 根据草案完成民族系列服装设计（3 ~ 5 套）。
9. 根据草案完成民族系列饰品设计（鞋子、包、头饰等，不少于 3 种）。

## 任务一

# 民族盛装创意设计

## 一、任务描述与学习目标

| | |
|---|---|
| 任务描述 | 通过课外阅读、网络收集广西瑶族民族服饰图案，了解广西瑶族的民族服装形制特点，运用瑶族民族图案、服饰形制等进行民族盛装的创意设计 |
| 学习目标 | 知识与技能：收集广西瑶族的服饰图案和盛装形制 |
| | 过程与方法：感受不同地域对民族服饰的影响，尝试以分组合作的形式进行学习表达 |
| | 情感与态度：欣赏和感受广西瑶族的文化风情 |

## 二、知识准备

### 1. 广西瑶族民族盛装的特征

自古以来广西瑶族服饰便是五彩斑斓、绚丽多姿的，是瑶族文化艺术的一个重要组成部分。瑶族支系众多，各支系服饰也不尽相同。过去，瑶族曾因服饰的颜色、裤子的式样、头饰的装扮不同而得到各种名称。广西南丹瑶族男子穿交领上衣，下着白色大裆紧腿齐膝短裤，有白裤瑶之称；龙胜的瑶族由于穿红色绣花衣而有红瑶之称。这从一个侧面反映了瑶族服饰的色彩、款式之丰富。广西瑶族的盛装更是十分华丽（图 5-1-1）。

广西瑶族妇女着无领大襟上衣，下着长裤、短裙或百褶裙，最爱在衣襟、袖口、裤脚镶边处绣上精美的图案花纹，发结细辫，围以五彩细珠，佩戴银制头钗、头针、耳环、项圈、银牌、手镯等饰物。男子蓄发盘髻，以青布或红布包头，穿无领对襟长袖衣。

与壮族服饰的庄重而朴素不同，瑶族服饰色彩艳丽，款式繁多，且具有明显的地域特征。瑶族妇女注重装饰，对发式尤其讲究。头饰十分丰富，有戴帽、缠发、包头巾、椎髻、顶板、戴银钗等；造型也多种多样，有三角形、龙盘形、月牙形、凤头形、圆筒形、宝塔形等，同时还装饰了各种银器，如头簪、头钗、耳环、项圈等。瑶族女性擅长挑花和刺绣，瑶锦工艺精致、五彩斑斓，故常用作头巾、头带等头饰。

### 2. 广西瑶族盛装的造型和头饰

瑶族头饰除了具有装饰性和实用性外，还有象征意义。如广西龙胜盘瑶妇女多戴三角

贺州过山瑶女盛装

贺州过山瑶男盛装

防城大板瑶女盛装

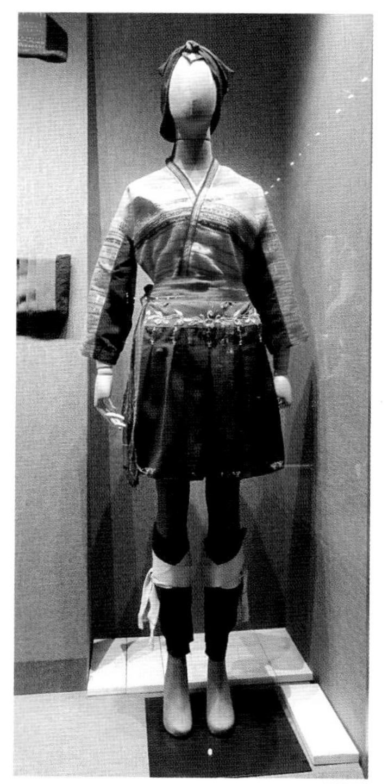

龙胜红瑶女盛装

图5-1-1　广西瑶族盛装

形的帽子，传说可以驱逐虎豹，寓意逢凶化吉，万事如意，帽子的花纹图案五花八门，花鸟鱼虫、龙凤狮麟等均常见，唯独没有虎豹，且不同年龄的妇女戴不同颜色的帽子，各自代表不同的身份和寓意。而广西贺州的盘瑶妇女也常戴三角帽，帽子层层叠叠、高大壮观，她们认为戴高大的帽子进入密林和草丛，可以驱赶野兽，起到“打草惊蛇”的自我保护作用。勉瑶少女出嫁和举行婚礼时则以一幅鲜艳而精美的瑶锦遮头，寓意幸福美满。瑶族以狗为图腾，故瑶族的孩子多戴狗头帽，寓意驱邪避恶，祈求平安（图 5-1-2）。

贺州过山瑶女盛装

西林蓝靛瑶女盛装

贺州市大平瑶族乡威竹平头瑶新娘装

图5-1-2 广西瑶族女子造型和头饰

瑶族历史悠久，在文化方面一直保持本民族传统特点，尤其在服饰文化上更为明显，五彩斑斓、绚丽多彩是瑶族传统服饰文化的普遍性特征。自远古时代，瑶族先民“织绩木皮、染以草实，好五色衣服，制裁皆有尾形”。瑶族服饰成为瑶族文化的重要标志之一，它不仅是瑶族和其他民族相区别的直观形象依据之一，也是区分内部各族系、支系的重要依据。据统计，瑶族服装的款式多达 100 余种，头饰也不下 100 余种。这种多样性首先是由于各支系的不同，其次还因居住分散，又表现为地域性的差别。而在多数支系中，服饰还表现出明显的性别、年龄特征。白裤瑶男女传统服装如图 5-1-3 所示。

图5-1-3　白裤瑶男女传统服装

瑶族传统男子服装以青蓝色为基本色调，以对襟、斜襟、琵琶襟短衣为主，也有的穿交领长衫；配长短不一的裤子，有的长及脚面，有的短至膝盖，多以蓝、黑色为主；束腰带，扎头巾，打绑腿，朴实无华。头饰主要有以下两种：一是包红、黑、白、蓝头巾。比如蓝靛瑶男子“度戒”（成人礼）后，多数头上改戴马尾编制的圆帽或缠圆盘形状的黑布包头，红头瑶成年男子用青黑布包头；二是蓄留长发，在头顶上束发髻，扎红头绳或盘长发。广西南丹县白裤瑶男子至今仍盛行这一头饰。

相对而言，瑶族妇女传统服饰更加丰富多彩。各地瑶族妇女上衣多穿无领无扣对襟绣花衫或右衽长衫，下穿褶裙或绣花滚边宽脚长裤，扎有红、黑、白等多种色彩的彩色腰带或织带，围绣花围裙，包绣花绑腿。但在形制风格和彩色花边图案上千差万别，不同族系、支系、地域区别很大。如广西南丹瑶族的百褶裙，裙面有蜡绘花纹，纹线经靛染分深浅。裙脚饰有红色刺绣花纹，多为几何形花卉，宽约 10 厘米，着裙时，裙前习惯再围一条比褶裙稍长的面裙，宽约 20 厘米，黑底镶蓝边。云南、广西等地的蓝靛瑶妇女上衣的前后摆均长于膝下，形成大三角形。前摆的花边镶于背面，穿着时，把前后摆往上翻卷，并将下摆三角状的尖端塞在腰带上，前后摆高于膝，形成双折叠式，镶在前摆背面的花边则露在外面。

瑶族妇女在头饰上更是多种多样。广西贺州瑶族的宝塔式头饰高一尺许，用十几块不同颜色的毛巾折叠而成，并用丝线和五色珠子加以装饰，色彩鲜艳，造型美观。广西桂林的临桂区宛田瑶族的凤头式头饰，则是以木制帽的框架分上下两个部分，下部是用圆木挖成瓜皮帽的形状，其上支着一根支杆，支杆上安一凤头式的平板，平板上覆盖着绣花帕，在绣花帕的后沿垂着若干股红、黑色的长条棉线，垂至后腰，形似凤尾，颇有古韵。金秀茶山瑶的银钗式头饰也极为复杂，要将三块长约一尺二寸（40 厘米）、宽约二寸（6.67 厘米）、重一斤（0.5 千克）多的弧形银钗以及银梳、银簪、铜板、铜铃等饰物固定在头上，色彩鲜艳华美。已婚和未婚的女子头饰也有区别。如云南金平的红头瑶女子在婚前用青黑布缠头，婚后头顶锥形红头帕，这种包头十分有特点，一般只留下头顶和前额的头发，其余部分剃光，用黄蜡将头发塑造成圆锥形，上裹一块红头帕。

图 5-1-4 为防城大板瑶民族头饰。大板瑶又称高头瑶，主要分布于广西那坡、西林、防城。大板瑶人认为自己是麒麟和狮子的后代，因此他们传统的服饰上保留了夸张的头饰造型——用红布将高达 1 尺（33.3 厘米）的顶板折叠订起来放在头上，这个布板由 80 层布料粘制而成，看起来十分壮观。

图 5-1-5 为过山瑶头饰。过山瑶是中国分布最广的一支瑶族。在广西、湖南、广东、

图5-1-4　防城大板瑶头饰

图5-1-5　广西过山瑶头饰

贵州都有分布。广西过山瑶的头饰层层叠叠，堆耸成一座山的样子，缀有流苏。整体红艳，颜色繁多，十分精美。

### 3. 广西瑶族上装的常见图案及饰品

瑶族历来把银饰视为高贵、富有和华丽的装饰品。各支系瑶族妇女均以佩戴银饰品为美，制作银器也是他们的传统手工业之一。银饰品的种类大致相同，有的在盛装时才佩戴，平时收藏，有的则经常佩戴。由于受家庭经济条件的影响，有的饰品以铝或锡代替银制成。银饰品包括头插银簪、耳戴银环、颈戴银圈、腕戴银镯、手戴银戒指等。在新婚时，佩戴的银饰更多，有的还要戴上凤冠，上系银挂牌。

在服饰的制作上，瑶族的织绣工艺闻名遐迩。他们多以红、黄、绿、白等颜色绣于深青色布上。刺绣一般不预先描绘图案，而是直接在底布上绣各种图案。图案都是日常生活中的花鸟鱼虫等，生动活泼，表现出鲜明的民族特色。他们还常在袖口、裤脚、胸襟等的边缘绣上彩纹，这样既使衣物结实耐用，又增加了美感。

挑花工艺精巧而别致，一般是利用布的颜色和经纬线，采用十字挑的针法挑出花纹，也不用事先描绘图案，只凭一双手，就可以挑出各种十字形、万字形、米字形、三角形等不同的花纹，描绘出现实生活的自然景色和动植物形象。

图 5-1-6 为融水顶板瑶头饰，色彩艳丽，特别是姑娘的瑶架非常绚丽张扬，因其头顶中衬有顶板，故称“顶板瑶”。顶板瑶的成年女性，其头发用黄蜡染上，靠头端扎成一束，尾分二束用竹篾撑成宽 2 尺（66.7 厘米）、高 6 寸（20 厘米）的蝴蝶形“板顶”（峨冠）。顶板瑶族中，16 岁以上的未婚少女都会戴峨冠。

图 5-1-7 为贺州土瑶盛装局部，土瑶的服装主要用蓝、白、红、绿、黑五色，这源自土瑶的精神信仰。蓝色象征着蓝天、白色象征光明、红色象征着吉祥、绿色表示对植物的崇拜、黑色象征土地和勤劳。土瑶女装衣长如旗袍，头戴竹帽，上衣多为浅蓝、深蓝。帽子的配饰基本为绿色中有黑、黄两色的条纹，用竹子制作，其外面覆盖一层油纸，颜色的显色度极高。胸前装饰五彩毛线，其毛线由红、绿、黄 纯色毛线合成，背上用不同颜色毛线作网袋（图 5-1-8）。

图 5-1-9 为白裤瑶男装图案。 白裤瑶人对鸡十分崇拜，鸡是他们的文化图腾，所以白裤瑶服饰主要以鸡仔花图案为纹饰。男子盛装从整体来看，像只雄鸡一样。衣服的裤脚是鸡的尾巴，两边是鸡的翅膀，男子白裤的膝部绣有五条红色花纹。

图5-1-6 融水顶板瑶头饰

图5-1-7 贺州土瑶盛装局部

图5-1-8 土瑶女装

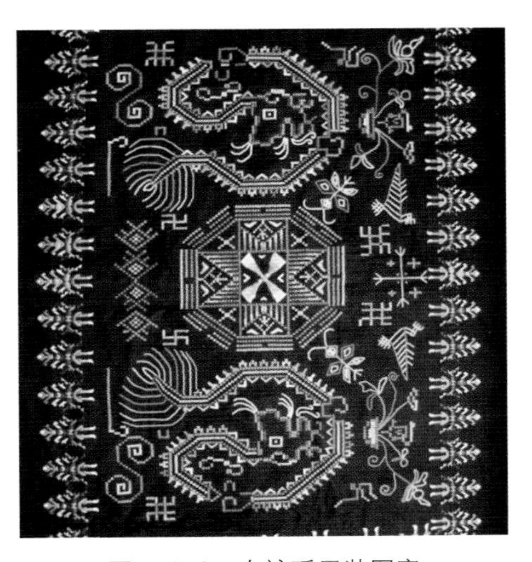

图5-1-9 白裤瑶男装图案

## 三、广西瑶族盛装元素在服装中的运用

在设计中，可以使用少数民族的服饰元素进行民族风格服装的设计。可以借鉴服装的款式，也可以使用民族图案进行设计。下面将通过一些瑶族相关设计案例来进行学习。这些创意作品的灵感源于广西瑶族服饰的传统和独特的璀璨文化，图 5-1-10 为瑶族盛装元素在日常服装中的应用。图 5-1-11 所示为瑶族新娘嫁衣，其中也运用了诸多民族元素。

图5-1-10　瑶族盛装元素在日常服装中的应用

图5-1-11　瑶族新娘嫁衣

李素芳，《瑶族（尖头瑶）新娘子嫁衣》

# 创意转化实例

请设计一款具有民族元素的服装（男、女装均可）。

### 1. 创意点

请将喜欢的创意素材收集好并粘贴在框内，并用文字描述你所选择的素材色彩和特点。

答：瑶族图案中艳丽的色彩与沉稳的黑色形成对比，极具几何感的民族图形，结合男装宽松的服装版型（图 5-1-12）。

图 5-1-12　瑶族图案与瑶族元素在服装中的应用

### 2. 创意与套装款式的结合

请选择一套服装款式（图 5-1-13）并绘制款式草稿。

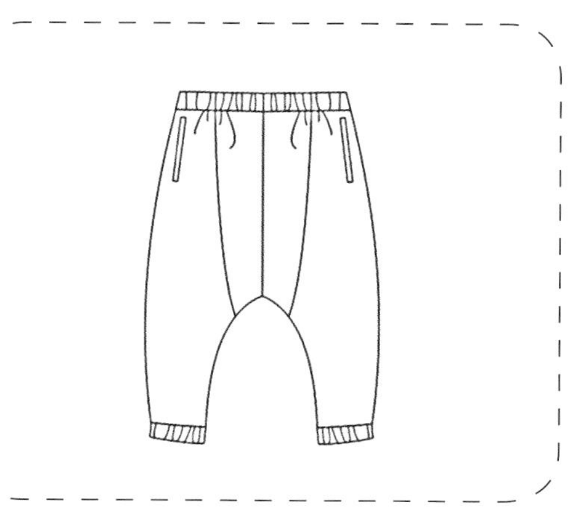

图 5-1-13　宽松风格的男外套与吊裆裤

**3. 制作材料的选择**

答：本设计计划使用棉麻类和扎染类面料制作，如图 5-1-14 所示。

图 5-1-14 棉麻类面料和所选图案

**4. 面料特点分析（材质是软还是硬？制作难度如何？）**

答：主体面料的材质需厚实，较硬挺才能使服装制作完成后较立体有型，较硬的面料也便于工艺的制作。

**5. 设计成品**

设计成品如图 5-1-15 所示。

图 5-1-15 成品图

### 6. 设计小结

答：本款男套装的设计创意来源于广西瑶族图案，瑶族图案是非常典型的几何纹样相互穿插与搭配，色彩丰富，这种带有层次感、色彩饱和度高的几何构成，使服装更具年轻感与现代感。该上衣是长袖戗驳领的西装款式，裤装是吊裆裤，采用蓝色棉麻布和扎染面料作为大面积的主面料，用广西瑶族图案点缀于上衣前片作为主图案，营造了男装应有的酷炫与简约。

## 设计实践练习

### 1. 创意点

套装设计资料整理，请将常见民族服饰纹样手绘至下框中。

### 2. 套装设计主要色彩

请将色彩收集填涂于框内，也可以手绘后粘贴。

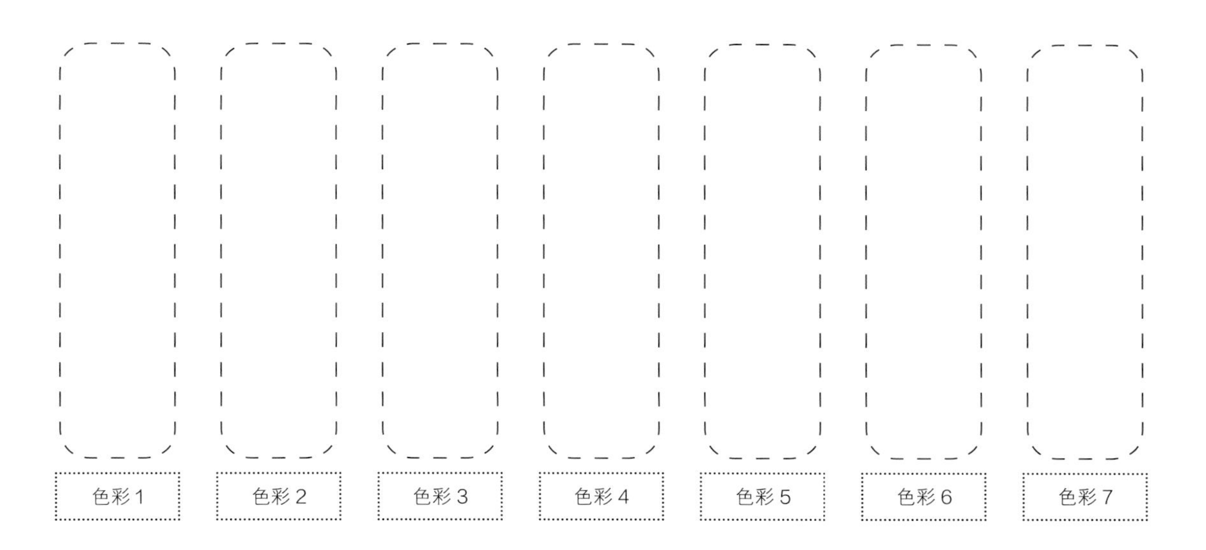


### 3. 套装样式特点

请将收集的套装图片粘贴于此处，也可以手绘后粘贴。

### 4. 套装创意设计

可以在图 5-1-16 所示的空白人体模型图中进行创意设计。

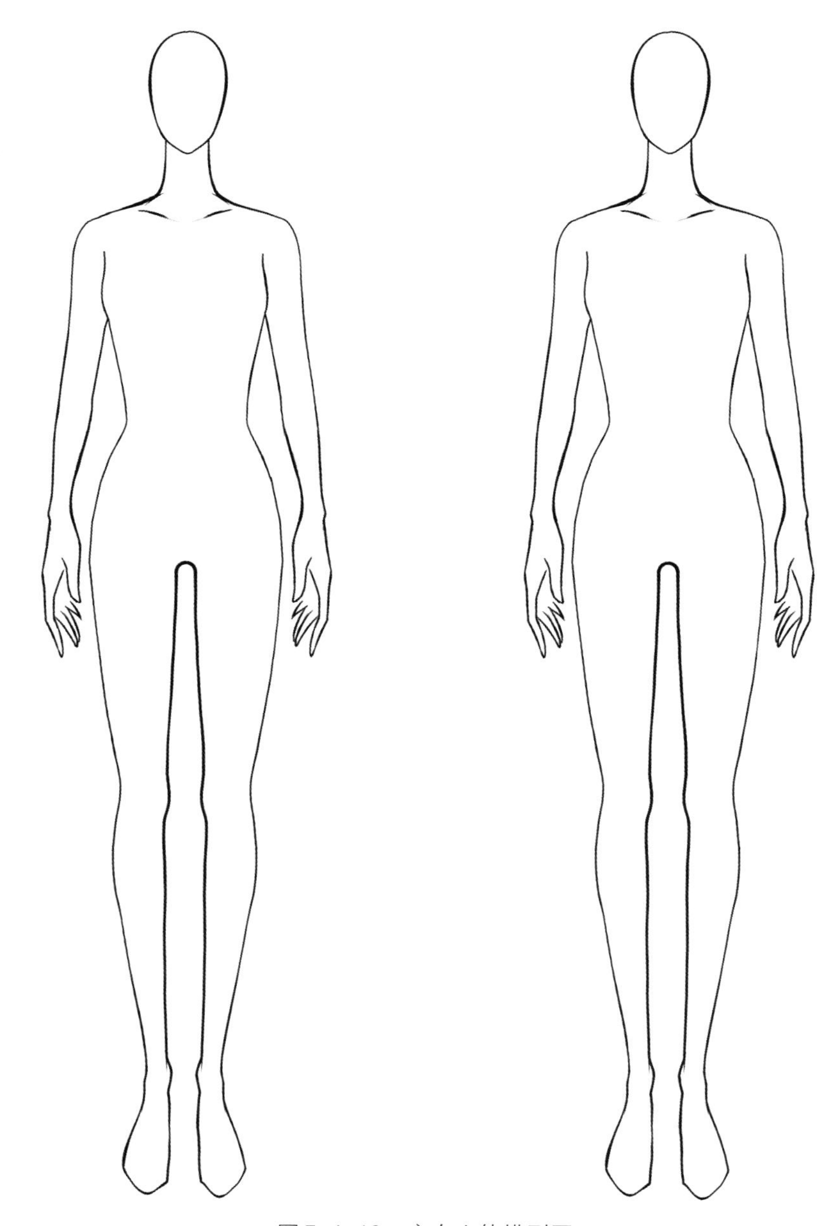

图5-1-16　空白人体模型图

## 5. 设计小结

答：

任务二

# 民族礼服创意设计

## 一、任务描述与学习目标

| | |
|---|---|
| 任务描述 | 通过网络收集广西少数民族服饰图案，了解广西少数民族的服装形制特点，运用少数民族图案、服饰形制等进行礼服的创意设计 |
| 学习目标 | 知识与技能：运用广西少数民族的服饰图案进行礼服设计 |
| | 过程与方法：理论与实际相结合，把民族韵味与现代时尚结合，尝试以分组合作的形式进行设计 |
| | 情感态度：欣赏礼服文化之美，品味少数民族地域风情 |

## 二、知识准备

### 1. 礼服的设计

礼服（也称社交服）泛指出席某些宴会、舞会、联谊会及社交活动等正规场合所用的服装。礼服具有豪华精美、正统严谨的风格，带有很强的礼俗性。礼服的种类很多，从形式上可分为正式礼服和非正式礼服；从穿着时间上可分为昼礼服和晚礼服。礼服的造型设计具有独特风格，色彩设计华丽富贵，面料设计高档精美，工艺制作和装饰设计精致考究，仅在这一设计点上就可以和少数民族服饰进行完美的融合，如图 5-2-1 所示。

### 2. 礼服的款式设计

礼服的特征主要表现在轮廓造型上，其设计的重点也集中在轮廓造型的变化上。礼服的轮廓造型可以概括为古典式、直筒式、披挂式和层叠式四种。女性礼服款式以 X 型最为常见，男性礼服以 X 型、H 型最为常见，偶尔也会出现 Y 型。礼服造型优雅，装饰繁多，可以利用广西少数民族服饰中复叠式和透叠式的制作手法给礼服增加层次感（图 5-2-2）。

### 3. 礼服的面料和装饰设计

礼服的面料以光泽型的材质为主，这是由于礼服注重展现豪华富丽的气质和婀娜多姿的体态，柔和或如金属般闪亮的光泽有助于显示礼服的华贵感，使穿着者的形体更为动

图5-2-1　少数民族风格的礼服

图5-2-2　礼服的款式设计

人。可以借助带有光泽的丝绸面料，配以广西少数民族的天然材质，如棉、麻、毛、丝等进行设计。

礼服十分注重装饰，无论在整体上还是局部上，精心而别致的装饰点缀至关重要，这一点恰恰与少数民族服饰浑然天成的“装饰主义”不谋而合。礼服常用的装饰手法有刺绣（丝线绣、盘金绣、贴布绣、雕孔绣等）、褶皱（褶裥、皱褶、司马克褶）、钉珠（或熨假钻石、人造珍珠、亮片）、珍珠镶边、人造绢花等工艺。广西少数民族服饰常在服装的领子上装饰花边、刺绣，多为花鸟虫鱼等图案。此外，还使用各种类型的拼布装花设计、双层镶边工艺和马尾绣云纹装饰等，这些都可以和礼服设计进行结合。

## 三、民族元素在礼服中的运用

通过对造型、面料、装饰的收集整理，归纳分析，可以将这些元素运用到礼服的设计中。一般来说，传统的民族元素装饰效果强烈，色泽鲜艳，如广西少数民族妇女服饰大多采用色彩斑斓、艳丽华美的衣料制成，具有浓郁的民族特色。在礼服的设计中，设计师往往通过黑色或者白色进行搭配，以达到视觉平衡的效果，尤其黑色在民族风格的服饰中用得比较多（图 5-2-3）。但由于民族服饰色彩地域的文化差异，会体现出不同的风格特点，给人以不同的审美感受。各民族服饰色彩所呈现的差异性，可以为礼服设计提供更多的借鉴。

图5-2-3　民族元素在礼服中的运用

在广西民族文化中，民族图案非常丰富，是最直接反映文化的一种表现形式。从某种意义上来说，没有耀眼夺目的民族图案，就不会有在世界舞台大放异彩的广西民族服饰。传统的民族图案以动物、植物或者几何纹样为主。对传统民族图案的借鉴决不能生搬硬套，要结合现代款式、风格、颜色、材质等进行有价值的参考，可通过图案分解、组合等方式使其与现代设计相结合，按照新的构思将传统的民族图案结合现代图案，从而创造出有新内涵与形式感的现代作品。

民族风格的礼服装饰总体感觉华丽繁复，装饰性浓郁，富有别样情调，复古气息浓烈。其面料装饰常利用流苏、刺绣、缎带、珠片、盘扣、嵌条、补子等工艺手法，如马尾绣、镶边工艺、拼布、装饰花边等。例如，广西融水顶板瑶的蝴蝶架装饰具有古拙、奇特的造型特点，以绣花镶边、流苏珠饰等工艺手法制成，给人以古朴淳厚、清奇富丽的感受，正迎合了现今科技时代人们追求原始、复古的心理。对广西民族文化装饰的借鉴已成为现代服装设计的一个重要的创意源泉。

## 四、民族礼服设计

设计一款女装晚礼服（图 5-2-4）应设计服装的款式，先从造型上进行分析，民族礼服造型多变，可以根据主题或者自身风格进行设计。

图5-2-4　晚礼服设计

衣身的设计多为紧身束胸衣的款式，主要是进行一些装饰设计，领袖设计可以是立领、五分袖造型，可以结合现代的设计，使其有造型感，同时注意晚礼服多为曳地长裙。

在色彩设计上，可以借鉴少数民族上衣常用的色彩，如深蓝色、黑色，在这些颜色上辅以各种点缀色，让服装亮起来。也可以选择民族装饰感强的图案和色彩，一般在色彩设计上只要做到美观大方即可。另外，也可以使用常见的民族图案，采用刺绣、拼布等手法，让服装整体效果更加丰富。

# 创意转化实例

请设计一款具有壮族特色的晚礼服。

### 1. 创意点

请将喜欢的创意素材收集好并粘贴在框内，并用文字描述所选择的素材的色彩和特点。

答：金黄色与深蓝色的壮锦是很常见的，它将严肃庄重的壮族图案变成了具有女性气息的温婉，因此将它与精致云肩的多层次结构设计在一起（图 5-2-5）。

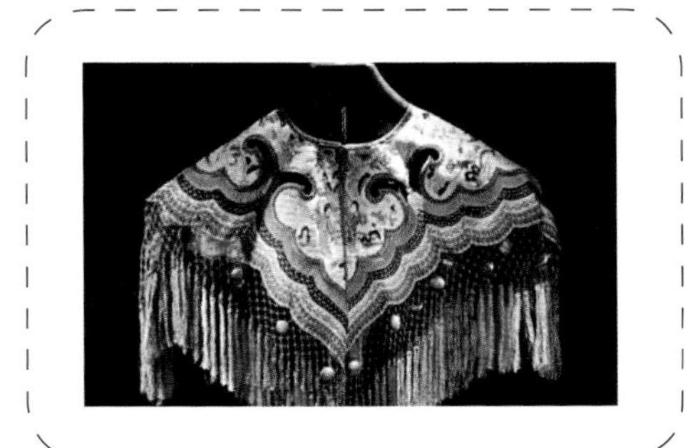

图5-2-5 壮锦图案与云肩元素作为创意灵感

### 2. 创意与服装款式的结合

请选择一种晚礼服款式并在绘制草稿（图 5-2-6）。

图5-2-6 A型礼服

3. 材料的选择制作

答：本设计计划使用缎面和丝绸、提花面料制作，如图 5-2-7 所示。

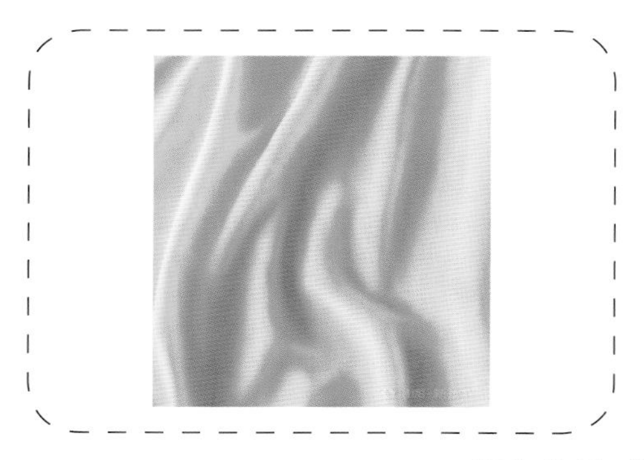

图5-2-7　缎面与提花织物

4. 分析面料的特点（材质光泽还是粗糙？制作难度如何？）

答：所设计礼服需光泽感较强的丝绸面料来表现高贵质感，但光滑的面料缝制有一定难度。

5. 设计成品

设计成品如图 5-2-8 所示。

图5-2-8　具有现代风格的壮族元素晚礼服成品

6. 设计小结

答：本款晚礼服的设计创意来源于广西壮锦图案与云肩造型，在款式上采用了 A 型裙的大廓型结构，造型上更为现代感与女性化，同时运用多层次的金黄色、白色，两种颜色碰撞，使它更显隆重与尊贵感。面料上使用了礼服常见的缎面、丝绸和欧根纱，以及具有古典特色的提花织物，进一步提升了这款壮锦礼服的细节化、多样化。

## 设计实践练习

1. 创意点

请将一件礼服款式线稿用手绘的方式绘至下框中，这件礼服款式中应该具有礼服的大廓型、精致面料和装饰工艺等元素。

2. 礼服设计色彩搭配

请将色彩收集填涂于框内，也可以手绘后粘贴。

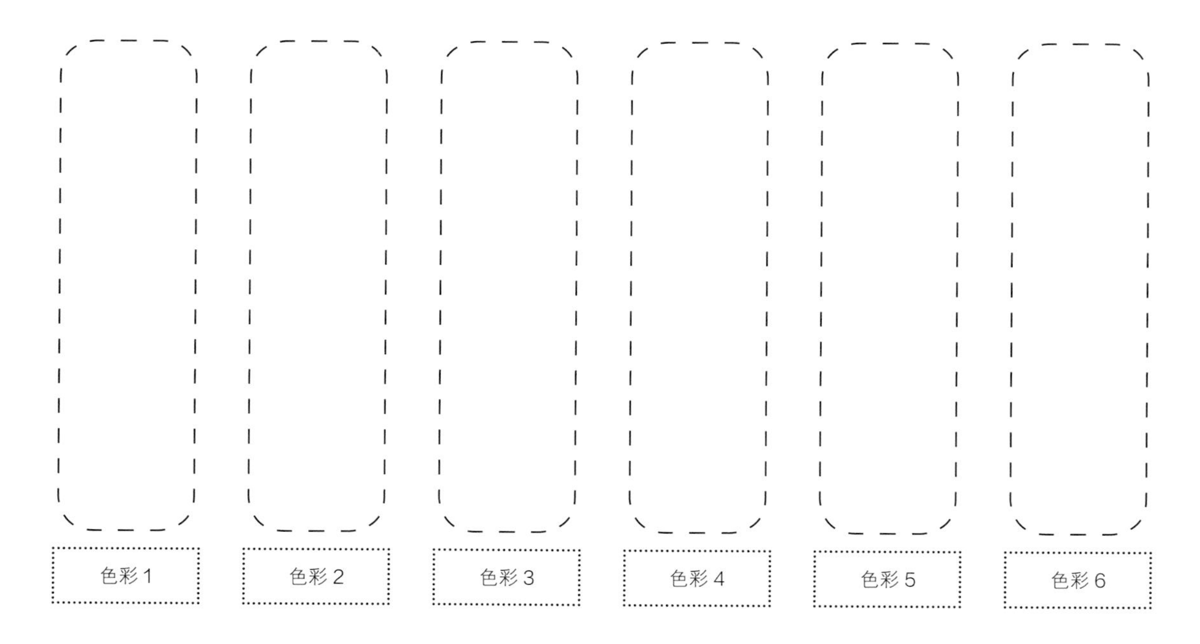


**3. 礼服设计的面辅料收集**

请将收集的面辅料粘贴于此处，也可以手绘后粘贴。

### 4. 礼服整体设计

可以在图 5-2-9 所示的空白人体模型图中进行礼服创意设计。

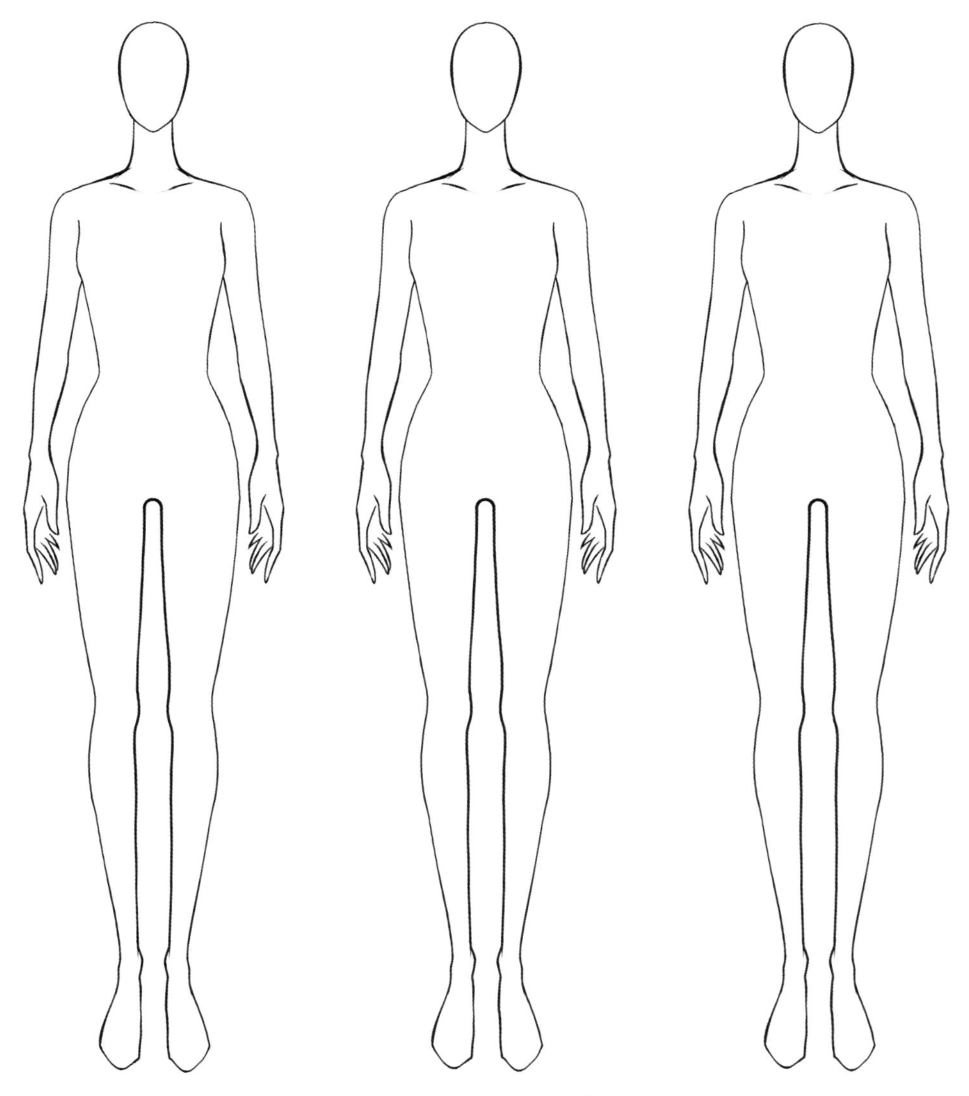

图 5-2-9　空白人体模型图

### 5. 设计小结

答：______________________________

任务三

# 系列服装设计的思路与方法

## 一、任务描述与学习目标

| | |
|---|---|
| 任务描述 | 通过课外阅读、网络收集有关少数民族的服饰系列设计，了解广西少数民族系列服装的设计方法，运用系列设计的思路和方法进行民族服装系列的创意设计 |
| 学习目标 | 知识与技能：运用系列服装设计的思路和方法进行创意设计 |
| | 过程与方法：采用网络媒体或者课外阅读的形式，搜索系列设计的素材，尝试以分组合作的形式进行学习表达 |
| | 情感与态度：欣赏系列服装的多元化和多样性，品味少数民族地域文化之美 |

## 二、知识准备

### （一）系列服装的设计思路

系列服装设计是把设计从单项转向多项，即从多种角度综合系列地进行设计。其设计思路是从人开始，以人为本，把多种造型元素进行搭配设计，使之产生风格统一、富有层次的系列感。系列设计思路可以从以下几个方面来考虑。

#### 1. 整体造型

从整体造型开始进行系列构思是指以某一个服装整体造型为原型，在此基础上延续拓展形成许多新的相互关联的款式，并使之形成系列的设计思路（图 5-3-1）。这是进行设计时经常用到的设计思路，类似于服装设计方法中的整体法。比如在观赏大师作品的发布，翻阅服装杂志和微信公众号时，经常会对某一款服装产生兴趣，并有一种改变其中某些部分进行新的创作的冲动。对所看到的服装设计理念、风格、制作工艺等做深入细致的分析和理解，然后选择最具有吸引力的要素，从不同角度去思考这些要素特点，就会拓展成系列化构思。有时，会考虑换掉一部分面料、色彩或者将其部件进行重新排列组合，或再加入其他设计元素，而且脑海中会迅速闪过不止一种与这件服装有关的想法，按这些想法设计的服装就会成为具有某种关联性的系列化设计。

图5-3-1　整体造型设计

### 2. 细节要素

从细节要素开始进行系列构思是指通过对细节要素的组合、派生、重整、构架使之系列化的方式，这类似于服装设计方法中的局部法，是从单个细节要素构思进行整体设计的思路。从细节要素进行构思分别从同质要素和异质要素两方面入手。同质要素是以同一种细节要素作为系列化元素，可以是图案纹样、色彩面料或者是局部细节，把它们提炼出来分布在每一款服装中，通过位置变化、方向变化或是变化这些要素之外的其他要素来生成新的系列化设计，形成统一感较强的服装系列。而异质要素则是以同一种造型要素通过变化对比构成系列形式，形成变化感较强的服装系列。例如，对广西融水顶板瑶的形象进行细节要素的异质设计，可以把它的峨冠、流苏、瑶织锦元素拆分开来，放置到系列服装中，如图 5-3-2 所示。

图5-3-2　系列设计的细节要素

### 3. 饰品要素

从饰品要素开始进行构思是指从服装的饰品进行设计构思的方式。以所需要的饰品为主要元素，进行变化组合和多种搭配，通过分离、上下、左右等变化，从一个角度转换到另一个角度进行思考。经过饰品不同的组合，可产生出不同的风格。这种方式对系列化设计的开拓性思维有非常重要的意义和作用。可以进行无数次组合搭配，有着无穷的设计潜力。少数民族服装系列设计是高度依赖饰品搭配的，这种构思方法将是其主要的设计方法之一。

### 4. 设计草图

系列设计从构思草图入手，类似于服装设计方法中的系列法，构思草图是在进行思考时将服装的形、色、质要素不断进行延伸和组合的设想。由于灵感的作用，要尽可能多地画出丰富多样的款式系列草图，这些草图大多是漫无边际、不成系列的。从中可挑出认为比较优秀的设计，然后在这些设计的基础上再构思整合，进一步完善造型和细节，最后完成完整的系列设计，如图 5-3-3 所示。

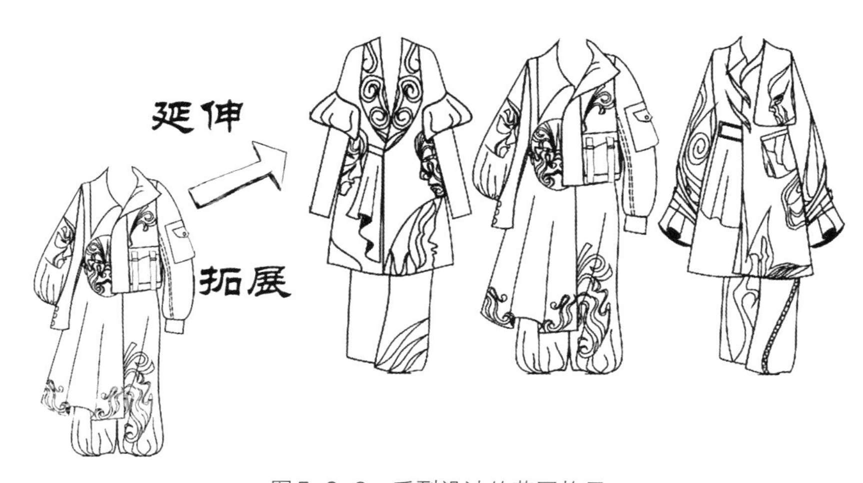


图5-3-3　系列设计的草图构思

### 5. 系列套数

进行系列设计时，经常会想到系列套数，这也是构思的一个方面，系列有大小之分，最少是两套，一般是三套或三套以上。小系列跟大系列的构思有所不同。系列的套数多少完全取决于设计任务的需要，也会影响到面料的运用、造型的简洁与否、工艺的复杂程度等。比如，同样是广西壮族系列服装，如果是套数较多的大系列，可能会考虑到面辅料提供的可行性，从而使款式简洁化，往黑衣壮方向靠拢。如果是小系列，则可能不必考虑类似问题，可以自由发挥，往传统壮族服饰较隆重的方向走。系列套数较多，则设计难度相对较大，对设计师的设计能力要求也较高，因为系列是有内容的，而不是服装套数的简单

拼凑（图 5-3-4）。

图5-3-4　广西壮族系列服装设计

### （二）系列服装的设计步骤

系列服装设计的步骤不同于单品服装设计，它是对组成系列元素的宏观把握和局部调整的统一与协调，使单品服装既可以组成系列而又不失其个性特征（图 5-3-5）。系列设计可从以下几个方面进行考虑。

#### 1. 选定系列形式

当系列设计的主题、风格等确定以后，就可以进行具体的操作。系列设计的第一步是要选定系列形式，如确定是以造型款式组成系列还是用色彩组成系列。如果是用造型组成系列，那是用外轮廓进行统一还是用内部零部件进行统一等，所有这些问题必须考虑清楚，才能根据系列形式来罗列组织素材，否则在设计过程中就会出现混乱，面对众多的系列要素时就会无从下手，条理不清。

#### 2. 罗列系列要素

系列形式选定后就可以根据所确定的形式罗列各个要素，从服装的面辅料、色彩选择、结构工艺以及局部细节设计到服饰配件等的搭配，都要一一进行罗列组织；然后根据系列套数来合理安排，系列要素一定要与服装主题风格和形式相互协调。例如，以水族马

图5-3-5　白裤瑶系列服装设计

尾绣图案作为统一元素来组织系列元素，在挑选面料时要考虑面料对马尾绣图案的适应性，什么样的结构造型更适合马尾绣工艺，细节设计与配饰是否与马尾绣图案风格统一、布局协调等。

### 3. 画出整体系列

所有的系列元素一经选定并在设计构思中进行了合理组织安排后，就要用画稿的形式将每一款设计逐一画出。在画的过程中要注意服装整体系列感的表现以及系列元素的合理安排。

4. 局部调整

一般情况下，在纸面上表达的设计与构思总会存在差异，所以整体系列画完后，还要看看每套服装之间的关联协调性是否真正达到理想效果，细节设计、布局安排是否到位，再根据设计意图进行局部调整，这样就会使系列服装更加完整统一。

## 创意转化实例

请设计一个具有广西少数民族元素的系列服装。

1. 创意点

请将你喜欢的创意素材收集好粘贴在框内，并用文字描述你所选择的素材色彩和特点。

答：以白裤瑶服饰为灵感来源，将图案制式和色彩运用到款式设计中，以橘色、蓝色作为基调，体现出少数民族的古朴风情，如图 5-3-6 所示。

图5-3-6 创意素材

2. 创意与系列款式的结合

请绘制一个系列款式草图在框内，如图 5-3-7 所示。

3. 制作材料的选择

答：本设计计划使用缎面和丝绸、棉麻、刺绣面料制作，如图 5-3-8 所示。

图5-3-7 设计草图

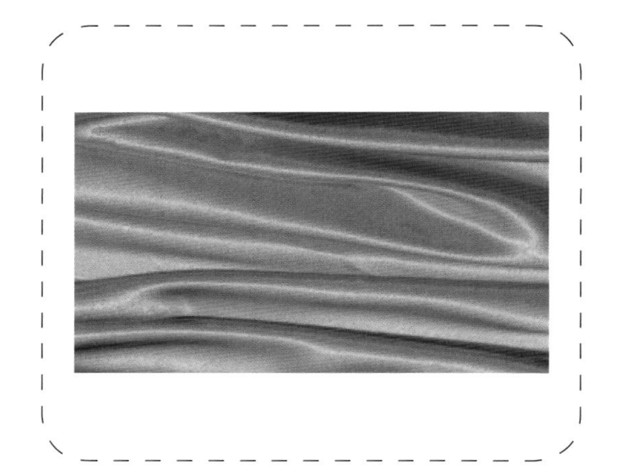

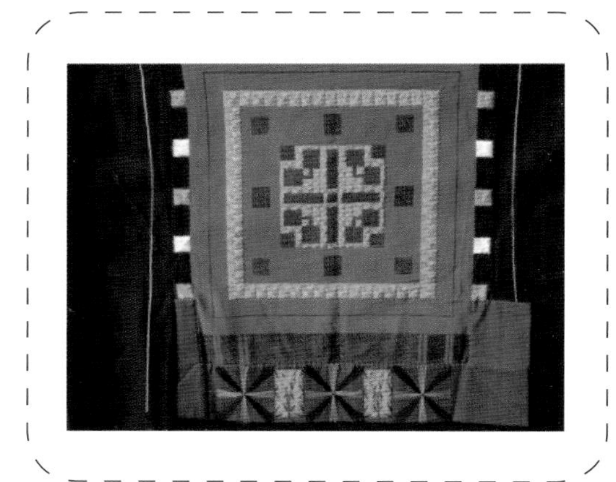

图5-3-8 面料

4. 面料的特点分析（材质光泽还是粗糙？制作难度如何？）

答：这是一个将民族元素与现代廓型相结合的系列，因此在面料上需要把光滑的绸和棉麻织物缝制在一起。这是有一定工艺制作难度的，特别是在裁剪缝纫和整体熨烫环节。

5. 设计成品

设计成品如图 5-3-9 所示。

图5-3-9 设计成品图

6. 设计小结

答：本系列服装灵感来源于白裤瑶民族服饰，将白裤瑶的民族色彩、刺绣及图案运用到服装中。色彩上以白蓝为主色调，点缀橘色刺绣；款式上与现代款式结合，使服装别有风味，会有一种独一无二的奇妙感觉。

## 设计实践练习

请以广西少数民族为灵感来源，完成一个带有民族风格的实用系列服装设计。

1. 创意点

请将你喜欢的民族风格图案收集好粘贴在框内，并用文字描述你所选择的民族风格色彩和特点。

答：________________________________________

________________________________________

2. 创意与服装系列的结合

请绘制一个系列款式草图在下框内。

3. 制作材料的选择

答：

4. 面料的特点分析（材质是软还是硬？制作难度如何？）

答：

5. 绘制广西少数民族服装系列设计画稿

可以在图 5-3-10 的空白人体模型图中进行创意设计。

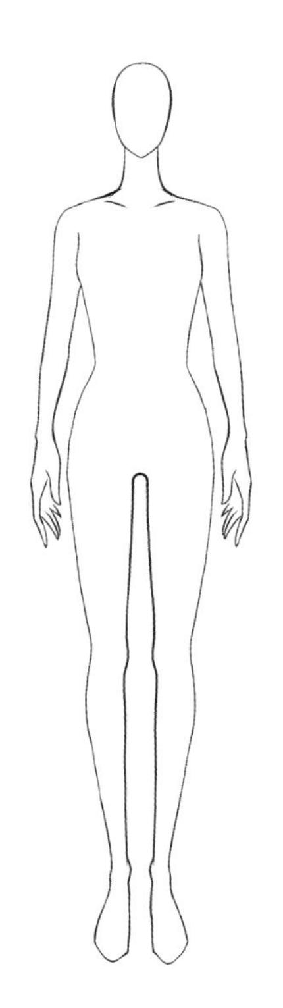
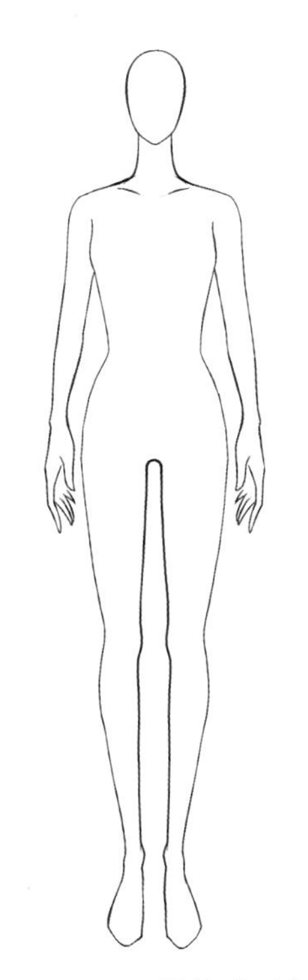
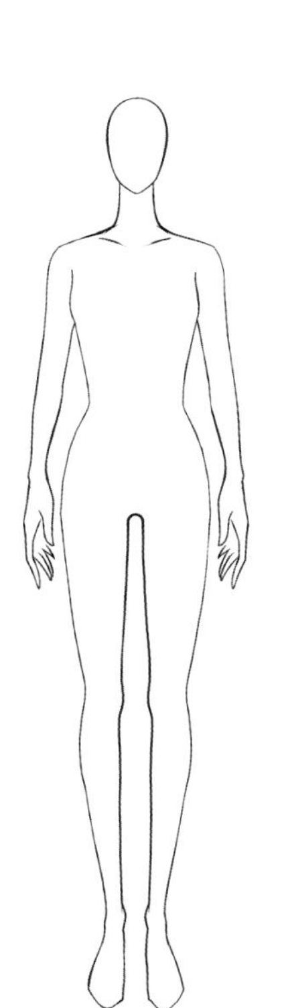
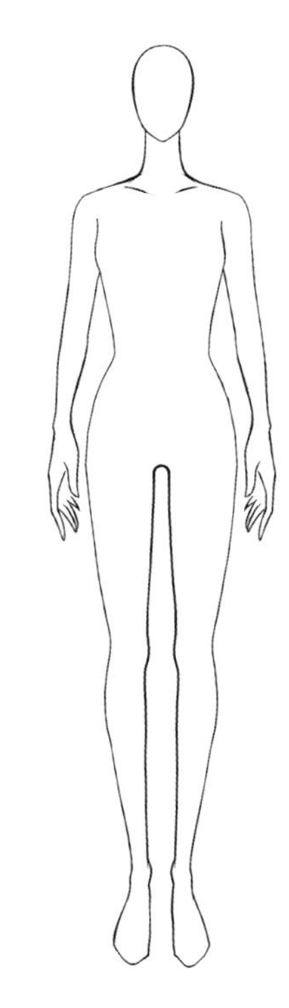

图 5-3-10　空白人体模型图

6. 设计小结

答：________________________________________________

________________________________________________

________________________________________________

# 附　录

# 师生作品案例

附图1　仫佬族男女装正背面

附图2 毛南族男女装正背面

附图3　民族元素礼服设计之一

附图4 民族元素礼服设计之二

附图5　民族元素礼服设计之三

附图6 民族元素休闲装设计

附图7　民族元素时装设计之一

附图8 民族元素时装设计之二

附图9　民族元素时装设计之三

附图10 民族元素系列服装设计之一

附图11　民族元素系列服装设计之二

附图12 民族元素系列服装设计之三